Stefan Hesse
Günter Seitz

Robotik

Aus dem Programm Automatisierungstechnik

Einführung in die Roboterprogrammierung
von B. Güsmann

Dehnungsmeßstreifentechnik
von P. Giesecke

Atlas der modernen Handhabungstechnik
von S. Hesse

Montageatlas
von S. Hesse

Robotik
von S. Hesse und G. Seitz

Sensoren in der Automatisierungstechnik
von G. Schnell

Fortschritte der Robotik
Monographien-Reihe, herausgegeben von
W. Ameling und M. Weck

Handbuch Simulationsanwendung in Produktion und Logistik
von A. Kuhn, A. Reinhardt und H.-P. Wiendahl

Vieweg

Stefan Hesse
Günter Seitz

Robotik

Grundwissen für die berufliche Bildung

Mit 158 Abbildungen

Der Verlag Vieweg ist ein Unternehmen der Bertelsmann Fachinformation GmbH.

ISBN 978-3-528-04951-5 ISBN 978-3-322-89873-9 (eBook)
DOI 10.1007/978-3-322-89873-9

Vorwort

Robotertechnik ist zu einer Basistechnologie geworden, mit der flexible Produktionsanforderungen maschinell bewältigt werden können, wie zu keiner Zeit vorher. Was den Roboter darüber hinaus für die Lehre so interessant macht, ist sein „mechatronischer“ Charakter, d.h. in ihm finden moderne Methoden und Komponenten aus Werkstofftechnik, Mechanik, Elektrik, Informatik und Mikroelektronik ausgiebig Verwendung. Grundkenntnisse in der Robotik sind heute für technisches Personal unerläßlich.

Hauptanliegen dieses Buches ist die Vorstellung des Roboters in Aufbau, Funktion und Anwendung. Konstruktive Varianten, anschauliche Realisierungsbeispiele und Ansätze für neue Verwendungen sollen die verschiedenen Facetten einer effektiven Technik ohne höhere Mathematik und ohne Regelungstheorie herausstellen. Programmieren wird an einfachen Beispielen gezeigt, soweit es zur Erklärung der Arbeitsweise eines Roboters gebraucht wird. Für das Verständnis des Stoffes genügen technische Grundkenntnisse. Eine besondere theoretische Ausbildung wird nicht verlangt.

Das Buch wendet sich an Berufsschüler und Techniker. Darüber hinaus kann es auch für das Selbststudium und für Weiterbildungslehrgänge empfohlen werden, weil zu den Testfragen und Aufgaben an Hand der beigegebenen Lösungen eine Selbstkontrolle möglich ist. In der Technikerausbildung ist der Stoff Bestandteil des Faches Automatisierungstechnik, Berufsschulen werden bei der Ausbildung von Industriemechanikern in mehreren Fällen darauf zurückgreifen. Bei der Auswahl des Stoffes wurden die Lehrpläne verschiedener Bundesländer weitgehend berücksichtigt. Das Konzept des Buches gründet sich auf eigene Lehrerfahrungen der Autoren.

Das Buch unterscheidet sich von anderen Büchern zur Robotertechnik dadurch, daß es auf ein solides anwendungsbezogenes Grundwissen orientiert und das theoretische Beiwerk den Insidern überläßt. Damit wird letztlich auch eine Lücke zwischen Spezial- und Überblickswissen geschlossen. Das Buch soll dazu beitragen, der Robotik in der beruflichen Bildung mehr Raum zu verschaffen und das Nachdenken über Roboter, Arbeitsmarkt und Qualifikation zu unterstützen.

Plauen und Hof, im August 1996

Stefan Hesse
Günther Seitz

Inhaltsverzeichnis

1 Der Weg zur flexibel automatisierten Fabrik 1
1.1 Vom Massenprodukt zur Individuallösung 1
1.2 Produktionsbetriebe im Wandel 2
1.3 Handhabungstechnik als Erfüllungsgehilfe 4

2 Über Funktionen und Funktionsträger 6
2.1 Vom Funktionssymbol zur Realität 6
2.2 Planung von Handhabungsabläufen 7
2.3 Handhabungseinrichtungen 9
2.3.1 Konventionelle Technik 10
2.3.2 Balancer 11
2.3.3 Manipulatoren 13
2.3.4 Teleoperatoren 14
2.3.5 Einlegegeräte 15
2.3.6 Industrieroboter 16

3 Anwendung von Robotertechnik 19
3.1 Tendenzen und Anwendungsfelder 19
3.2 Roboter im Industrieeinsatz 21
3.2.1 Werkzeughandhabung 21
3.2.2 Werkstückhandhabung 31
3.2.3 Spezielle Anwendungen 34
3.3 Roboter außerhalb der Industrie 35
3.3.1 Bauwesen 36
3.3.2 Landwirtschaft 37
3.3.3 Medizin 39
3.3.4 Weltraum 40
3.4 Roboter als Dienstleister 41
3.4.1 Anforderungen und Einsatzfelder 42
3.4.2 Reinigung 42
3.4.3 Sicherheit 43
3.4.4 Botendienste und Versorgung 44
3.4.5 Rehabilitation 46
3.5 Industrieroboterperipherie 46
3.5.1 Gliederung und Aufgaben 47

3.5.2 Werkstückbereitstellung 48
3.5.3 Sicherheitstechnik 50
3.5.4 Meß- und Prüftechnik 51

4 Aufbau von Industrierobotern 53
4.1 Einteilung in Teilsysteme 53
4.2 Kinematische Grundlagen 55
4.2.1 Kombination von Bewegungsachsen 55
4.2.2 Arbeitsraum 59
4.2.3 Koordinatensysteme 60
4.3 Kenngrößen 63
4.3.1 Freiheitsgrad 63
4.3.2 Tragfähigkeit 64
4.3.3 Wiederholgenauigkeit 64
4.3.4 Positioniergenauigkeit 65
4.4 Bewegungseinheiten 67

5 Komponenten eines Industrieroboters 69
5.1 Ständer und Portale 69
5.2 Führungsgetriebe 71
5.2.1 Lineararm 72
5.2.2 Drehgelenkarm 73
5.2.3 Teleskoparm 74
5.2.4 Pendelarm 74
5.2.5 Geradführungsgetriebe 75
5.2.6 Scherenarm 77
5.2.7 Rüsselarm 77
5.2.8 Parallelarm 78
5.2.9 Baukastensysteme 79
5.3 Roboterantriebe 81
5.3.1 Elektrische Antriebe 81
5.3.2 Fluidische Antriebe 82
5.3.3 Direktantriebe 84
5.4 Getriebe und Übertragungselemente 84
5.4.1 Rädergetriebe 84
5.4.2 Zugmittelgetriebe 86
5.4.3 Spindelgetriebe 86
5.4.4 Parallelkurbelgetriebe 87
5.5 Wegmeßsysteme 88
5.5.1 Einteilung der Wegmeßsysteme 88

5.5.2 Ausführung von Wegmeßsystemen ... 89
5.6 Steuerung ... 92
5.6.1 Steuern und Regeln ... 93
5.6.2 Bewegungsplanung ... 95
5.6.3 Steuerungsarten ... 99
5.6.4 Steuerungshardware ... 103
5.7 Effektoren ... 105
5.7.1 Greifer ... 106
5.7.2 Roboterwerkzeuge ... 108
5.7.3 Wechselsysteme ... 110

6 Sensorische Ausstattung ... 113
6.1 Gliederung der Robotersensoren ... 113
6.2 Kraft-Momenten-Sensoren ... 115
6.3 Schweißsensoren ... 116
6.4 Bilderkennungssysteme ... 118

7 Programmierung ... 122
7.1 Programminhalt ... 122
7.2 Programmierverfahren ... 123
7.2.1 Online-Programmierung ... 125
7.2.2 Offline-Programmierung ... 127
7.3 Simulationsprogramme ... 133

8 Arbeitssicherheit ... 137
8.1 Gefahrenbereiche und -situationen ... 137
8.2 Vorschriften und Maßnahmen ... 138

9 Über die Zukunft der Roboter ... 142
9.1 Roboter in hochtechnisierten Fabriken ... 142
9.2 Autonome mobile Roboter ... 143
9.3 Roboter und Künstliche Intelligenz ... 145

10 Fachbegriffe und Abkürzungen ... 147

Anhang A: Wegleitung zum Selbststudium ... 152

Anhang B: Antworten und Lösungen ... 156

Weiterführende Literatur und Quellen ... 165

Sachwortverzeichnis ... 166

1 Der Weg zur flexibel automatisierten Fabrik

1.1 Vom Massenprodukt zur Individuallösung

Automatisierte Maschinen entstehen zuerst dort, wo Erzeugnisse in großen Stückzahlen gebraucht werden. So kam man in verschiedenen Bereichen von der handbedienten Maschinerie allmählich auf die einfache automatisierte Maschine und später zu automatisierten Fertigungssystemen, wie z.B. Taktstraßen. Als wahres Wunderwerk an Präzision und Leistungsfähigkeit zählte seinerzeit die Flaschenblasmaschine, die vom amerikanischen Ingenieur J.M. Owens (1859-1923) zu Beginn unseres Jahrhunderts erfunden wurde. Der Automat fertigte 20000 Flaschen je Tag bei einer Bedienung durch 2 Arbeiter und 3 „Burschen“. Das ersetzte die Leistung von 80 versierten Glasbläsern. Damit war ein Beweis erbracht, daß auch komplizierte manuelle Tätigkeit durchaus automatisierbar ist, wenngleich die Schwierigkeiten recht beträchtlich waren, die Owens auszuräumen hatte. Er hatte mehrere Jahre experimentieren müssen.

Probleme ganz anderer Art standen zur Lösung an, als in der „Ford Motor Company“ erstmals die Fließfertigung für die Produktion großer Automengen von den Ingenieuren eingerichtet wurde. Das bedurfte einer strengen Arbeitsteilung in der Montage, d.h. jeder Arbeiter spezialisierte sich auf einige wenige Handgriffe. Die Zeit für die Chassismontage (**Bild 1.1**) wurde dadurch von 12,5 Stunden (1913) auf 1,5 Stunden (1914) reduziert. Das Fließband, oft als das „laufende Band“ bezeichnet, war auch im Deutschland der „Golden Twenties“ (ab 1926) zum Grundbaustein in der Automobilproduktion geworden.

Bild 1.1 Der letzte Arbeitsgang bei der Kraftfahrzeugmontage in den Ford-Werken (1914)

Wie sah es zu dieser Zeit mit der Produktflexibilität aus? Henry Ford (1863-1947) soll einmal gesagt haben: „Ich fertige jedes Auto, vorausgesetzt es ist schwarz und ein Ford T.“ Diese Auskunft beschreibt sehr drastisch die Produktionsphilosophie der damaligen Fließbandfertigung: Große Mengen einheitlicher Produkte. Der Erfolg gab Ford in dieser Zeit sicherlich recht, aber in der Folgezeit mußte sich auch seine Firma mit der wachsenden Zahl von Automobilherstellern und den sich verändernden Kundenwünschen auseinandersetzen. So zeigte sich, und das gilt für Konsumgüter und Investitionsgüter gleichermaßen, daß immer differenziertere Produkte in immer kleineren Stückzahlen gewünscht werden. Das Grundmodell eines Produkts bekommt mit der Zeit viele Varianten, Ausführungen und Spezialmodelle. Dem „Erzeugnisbaum“ wachsen Äste, wie wir es aus der Natur kennen. Und da ist das Automobil wiederum ein gutes Beispiel. Sie möchten eins kaufen?

Kein Problem. Welche Farbe? Wählen Sie bitte aus diesen 20 Farbtönen. Sitze in Velour oder Leder? Welches Design? Mit Schiebedach? Das ist einfach. Es gibt nur zwei Varianten: Elektrische oder manuelle Betätigung. Weitere „Kleinigkeiten“ wie Radio mit und ohne CD-Player, beheizbare Außenrückspiegel, Nebelscheinwerfer, Automatik- oder Schaltgetriebe, 40 oder 60 kW unter der Haube, automatischer Fensterheber... Es ist genug. Selbst Fahrzeuge vom gleichen Typ werden so zu einem individuellen Produkt. Das Fahrzeug wird tatsächlich nach dem Auftrag des Kunden gefertigt. Doch wie packt das die Fertigung? Bremst diese Variantenvielfalt nicht jegliches Automatisierungsvorhaben? Man hat sich inzwischen ganz gut eingerichtet. Wie durch ein Wunder tauchen plötzlich an der Montagestraße genau im richtigen Moment am rechten Ort die roten Sitze, die Aluminiumfelgen-Räder und der 60 kW-Motor auf. Das ist natürlich kein Zufall, sondern dahinter steckt ein logistisches Konzept, das auch als „Just in time“ bezeichnet wird. Und ohne Robotik geht es dabei natürlich auch nicht.

1.2 Produktionsbetriebe im Wandel

Wir unterscheiden unsere Produktionsmaschinen in Universal- und Spezialmaschinen. Letztere werden für ausgesprochene Massenteile konstruiert und sind auf höchste Produktionsleistung getrimmt. Die Werkstückhandhabung besorgen spezielle Vorrichtungen, die für diese Aufgabe optimiert wurden. Als Beispiel soll die Herstellung einer Briefklammer dienen (**Bild 1.2**).

Zunächst wird ein Drahtstück der Länge L vorgeschoben. Dann beginnt das vorderste Biegewerkzeug eine Schwenkbewegung auszuführen. Ist das erledigt, verschwindet der innere Biegedorn nach unten, und nun arbeitet das mittlere Werkzeug. Jetzt wird abgeschnitten und der Rest gebogen. Auch diese Biegedorne werden nun nach unten gezogen. Die Briefklammer ist fertig. Das Programm ist für sämtliche Vorgänge in Steuerkurven gespeichert. Andere Werkstücke sind in der Regel auf diesen Maschinen nicht herstellbar. Dieser Automat ist natürlich kein Roboter, auch wenn er noch so gut funktioniert.

Universalmaschinen sind dagegen flexibel, z.B. eine Senkrecht-Konsolfräsmaschine, wie sie die Werkzeugmacher verwenden. Die Flexibilität wird natürlich ganz wesentlich durch den Bediener mit allen seinen Sinnen, seiner Auge-Hand-Koordination und seiner Berufserfahrung gewährleistet. Und trotzdem ist auch hier die Automatisierung ganz wesentlich vorangekommen. Die Zauberformel heißt NC-Steuerung oder besser CNC, weil heute in allen derartigen Steuerungen im Kern ein Rechner steckt (CNC = computer numeric control).

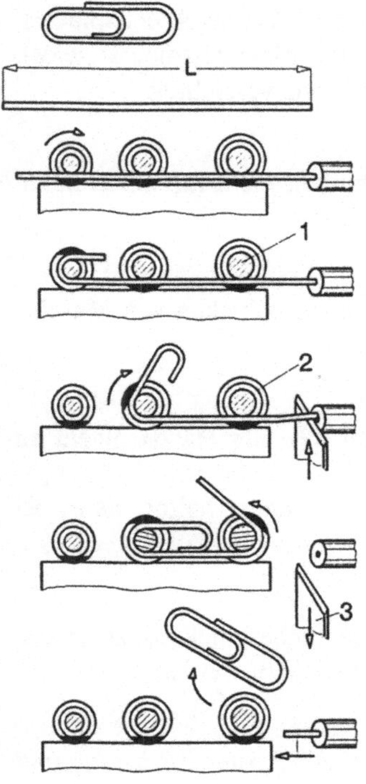

Bild 1.2
So wird eine Briefklammer auf einem Biegeautomaten hergestellt.
Das Biegen geschieht nacheinander um Biegedorne 1 mit Hilfe der Biegesegmente 2. Vor der letzten Biegung wird mit dem Messer 3 abgeschnitten.

Die industrielle Automation läßt sich ganz allgemein in 3 Klassen einteilen:

- Automaten mit festen unveränderbaren Funktionen,
- programmierbare Automaten und die
- flexible Automatisierung.

Automatisierte Produktionsstrukturen der Zukunft zeichnen sich durch Flexibilität aus, damit sie auch für sich verändernde Fertigungsabläufe tauglich sind. Hohe Zuverlässigkeit, um keine Ausfallkosten durch Maschinenstillstände hinnehmen zu müssen und Humanität, um Menschen von monotoner und belastender Tätigkeit zu befreien, sind weitere Kennzeichen. Diese Entwicklung erfolgt schrittweise und in den verschiedenen Branchen unterschiedlich schnell.

Beleuchten wir die Marktwünsche, so zeigt sich ein erheblicher Wandel. Der Produktverkauf, z.B. eine einzelne Werkzeugmaschine, wandelt sich immer deutlicher zum Systemverkauf. Darunter versteht man ganze Fertigungssysteme, die Elemente der Logistik, der Robotertechnik und integrierte Steuerungs- und Kommunikationstechnik enthalten.

Automatisierung kann man natürlich nicht per Befehl anweisen, aber auch nicht verbieten. Sie ist risikoreich und kapitalintensiv. Sie wird immer dann forciert und zur Notwendigkeit, wenn sie kostengünstiger als die Arbeit ist, die sie ersetzt.

1.3 Handhabungstechnik als Erfüllungsgehilfe

Modernes Produzieren kommt ohne Handhabungstechnik nicht mehr aus. Handhaben ist ganz allgemein die Manipulation von Gegenständen im Nahfeld eines Arbeitsplatzes, vorzugsweise in der Industrie, und das wird immer mehr durch Mechanismen abgelöst. Die Gründe dafür sind unterschiedlich, warum man aufs Manuelle verzichtet:

- Schnelligkeit

Verschiedene Prozesse laufen so schnell ab, daß der Mensch nicht mehr mithalten kann. Er ermüdet zu schnell und wird unaufmerksam.

- Gewichtskräfte

Über eine Schicht kann es bei kurzen Zykluszeiten, z.B. beim Beschicken von Maschinen, zu großen Hebeleistungen kommen.

- Qualitätssicherung

Viele Werkstücke sollen nicht mehr angefaßt werden, weil z.B. der Handschweiß zu unzulässigen Korrosionsstellen führt. Vor allem aber können robotisierte Fertigungstechniken, wie z.B. das Bahnschweißen, den Qualitätsstandard länger halten als es bei manueller Tätigkeit möglich wäre.

- Arbeitsschutz

Werkstücke mit z.B. scharfen Gratkanten führen bei der Pressenbeschickung zu Handverletzungen. Auch heiße Teile sollten besser maschinell gehandhabt werden.

- Wirtschaftlichkeit

Ständig steigende Lohnkosten bieten ein attraktives Potential zur Kosteneinsparung und Erhaltung der Wettbewerbsfähigkeit.

- Automatisierung

Viele Prozesse, die noch durch manuelle Arbeitsplätze unterbrochen werden, sollen zu einer durchgängig automatisierten Prozeßkette verbunden werden. Handarbeit wird auf die Maschine verlagert.

- Umwelt

Unter Reinraumbedingungen ist es besser, Maschinen anstelle von Menschen einzusetzen, z.B. in der Chipfertigung. Sie sondern keine Hautpartikel und Haare ab.

- Miniaturisierung

Die Handhabung sehr kleiner Objekte überschreitet die Grenzen menschlicher Leistungsfähigkeit hinsichtlich Arbeitsgeschwindigkeit, Positioniergenauigkeit und Ausdauer.

Bei der Betrachtung sozialer Aspekte sind solche Tätigkeiten interessant, bei denen durch die Entwicklung der Technik die Belastung des Menschen fortwährend steigt. Dadurch werden die Grenzen für Verfahren und Prozesse durch die Arbeitskraft bestimmt. Das betrifft vor allem die Handfertigkeit sowie die physische Leistungsfähigkeit des Menschen im Hinblick auf Arbeitsgeschwindigkeit, Tragfähigkeit, Arbeitsdauer,

Gleichmäßigkeit und Arbeitsgenauigkeit. Solche Grenzen lassen sich mit automatischer Handhabungstechnik überwinden.

Daraus ergibt sich natürlich auch, daß die Handhabungsmaschinen sehr unterschiedlich sein müssen. Sie reichen vom Balancer bis zum autonomen mobilen Roboter. Stellt man Mensch, Sondermaschine (Automat) und Industrieroboter in ihren Leistungsgrenzen gegenüber, so erhält man das in **Bild 1.3** gezeigte Tendenzdiagramm.

Der Roboter füllt die Lücke zwischen Mensch und Sondermaschine. In diesem Buch geht es in erster Linie um die freiprogrammierbaren Roboter, wie sie vorzugsweise in der Industrie angewendet werden.

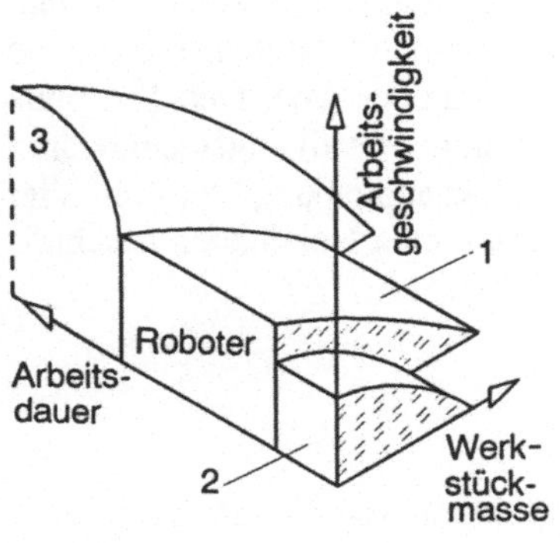

Bild 1.3
Leistungsgrenzen von Mensch, Industrieroboter und Sondermaschine
1 Industrieroboter,
2 Tätigkeitsfeld des Menschen,
3 vorzugsweises Anwendungsgebiet für Automaten und Sondermaschinen

Kontrollfragen

1-1 Welche Bedeutung messen Sie den Fachausdrücken Produktions- und Flexibilitätslücke bei?

1-2 Worin unterscheiden sich CNC-Maschine und Industrieroboter?

2 Über Funktionen und Funktionsträger

Alle Einrichtungen, die der Mensch entwickelt, haben einen Zweck zu erfüllen. Sie realisieren eine Funktion. Das ist eine qualitative und bzw. oder quantitative Beschreibung des Zusammenhangs zwischen Ein- und Ausgangsgrößen von technischen Systemen. Nach der VDI-Richtlinie 2860 bedeutet Handhaben das Schaffen, definierte Verändern oder vorübergehende Aufrechterhalten einer vorgegebenen räumlichen Anordnung von geometrisch bestimmten Körpern in einem Bezugskoordinatensystem. Vereinfacht heißt das, in einem durch seine Koordinaten bestimmten Raum einen Gegenstand (Werkstück, Werkzeug, Prüfmittel u.a.) gezielt zu bewegen. Unter „Werkstück" werden hier allgemein alle Arbeitsgegenstände verstanden, wie Metallteile, landwirtschaftliche Produkte, Leiterplatten, Betonstücke, Porzellanbecken, Käselaiber usw. Der Terminus „Handhabung" ist also zunächst ein recht globaler Begriff. In der Fertigungstechnik sind die Bezeichnungen „Werkzeughandhabung" und „Werkstückhandhabung" typisch. Viel wichtiger ist aber die Zerlegung in Teilfunktionen, mit denen man Handhaben beschreiben, analysieren und planen kann.

2.1 Vom Funktionssymbol zur Realität

Bei der Planung des Robotereinsatzes und bei der Entwicklung von Handhabungstechnik geht man von den Funktionen aus, die absolviert werden müssen, um eine gegebene Aufgabe zu lösen. Es zeigt sich, daß man einen Handhabungsablauf in einzelne typische Funktionen zerlegen kann. Diese werden in **Bild 2.1** mit ihren Symbolen vorgestellt.

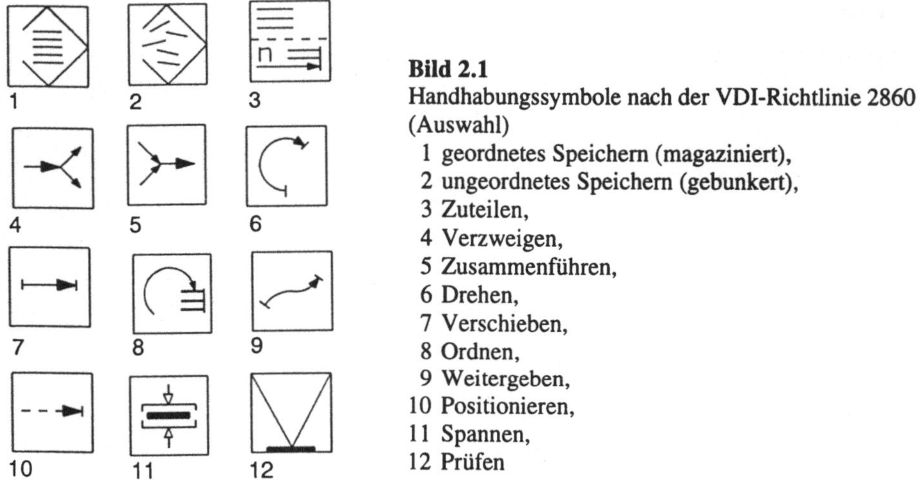

Bild 2.1
Handhabungssymbole nach der VDI-Richtlinie 2860 (Auswahl)
1 geordnetes Speichern (magaziniert),
2 ungeordnetes Speichern (gebunkert),
3 Zuteilen,
4 Verzweigen,
5 Zusammenführen,
6 Drehen,
7 Verschieben,
8 Ordnen,
9 Weitergeben,
10 Positionieren,
11 Spannen,
12 Prüfen

Damit lassen sich nun komplexe Abläufe vorab grafisch darstellen. Ein solcher Handhabungsplan dient zur Optimierung und Diskussion, denn die Planung automatischer Fertigungssysteme kann heute kaum noch von einem Planer allein erledigt werden. Das erfordert Teamarbeit. Der Funktionsplan sagt aber noch nichts über die einzusetzenden Geräte aus. Die Funktionen sind zunächst lösungsneutral. Es gibt zu einem Funktionsplan immer mehrere gerätetechnische Realisierungen. Im Beispiel (**Bild 2.2**) wurde ein Portallader mit hochgelegtem Magazin und Zuteiler ausgewählt. Der Ladearm bringt das Rohteil zur Spannstelle. Dort erfolgt die Bearbeitung. Die Fertigteile werden nach oben herausgehoben und in einer Abführrinne abgelegt. Alle Bewegungen sind rein mechanisch miteinander verkoppelt.

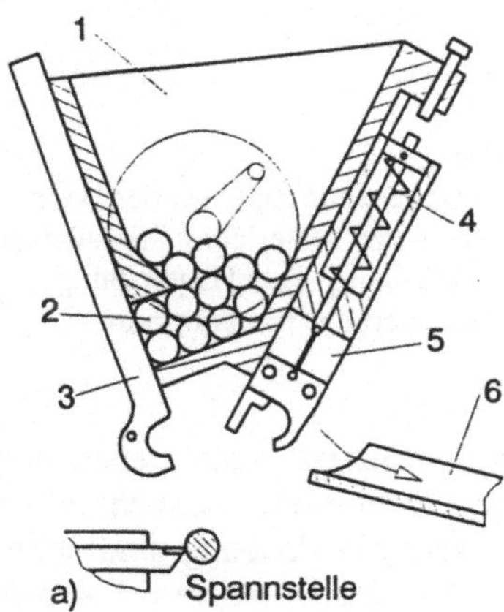

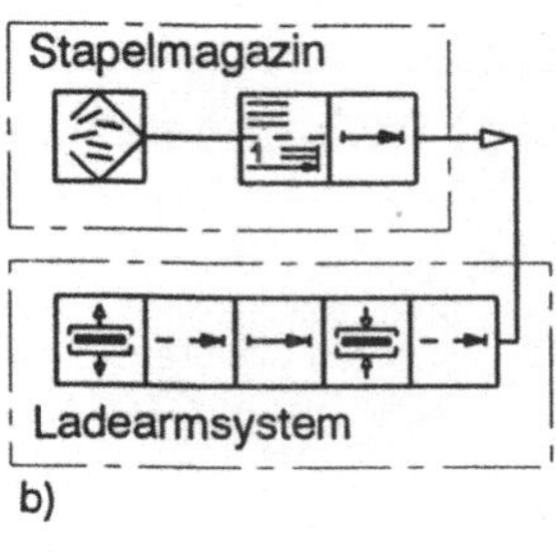

Bild 2.2 Beschickungseinrichtung für Wellen
a) Handhabungseinrichtung, b) Funktionsplan, 1 Stapelmagazin, 2 Werkstück, 3 Ladearm und Zuteiler, 4 Greiferöffnungsstange, 5 Entnahmearm, 6 Abführrinne

2.2 Planung von Handhabungsabläufen

Man kann Roboter oder andere Handhabungseinrichtungen nur richtig auswählen, wenn bekannt ist, was unter welchen Randbedingungen überhaupt erledigt werden soll. Vorauslaufend sind deshalb zur Festlegung von Handhabungstechnik folgende Fragen zu beantworten:

- Ist der technologische Prozeß verbindlich oder kommt es in absehbarer Zeit zu einschneidenden Veränderungen?
- Wurden alle Möglichkeiten einer Vereinfachung ausgeschöpft? Ehe man einen Prozeß in Automatisierungskonzepte übernimmt, ist er nach Vereinfachungsmöglichkeiten zu durchforsten.
- Gibt es auf dem Markt für das Problem bereits erprobte Lösungen?

Handhabungen sind in der Regel an verschiedenen Stellen des Prozesses erforderlich (**Bild 2.3**). Es muß herausgefunden werden, welcher Automatisierungsgrad aus technischen und wirtschaftlichen Gründen erstrebenswert ist. Danach richten sich dann die Maßnahmen.

Ziel automatischen Handhabens ist in der Fertigung meistens die Verkettung einzelner Arbeitsstellen zu Systemen. Werkstück und Werkstückträger sollen in flexiblen Anlagen außerdem maschinell erkannt werden. Die Daten sind direkt zwischen den automatischen Teilsystemen und dem Fertigungsleitrechner auszutauschen.

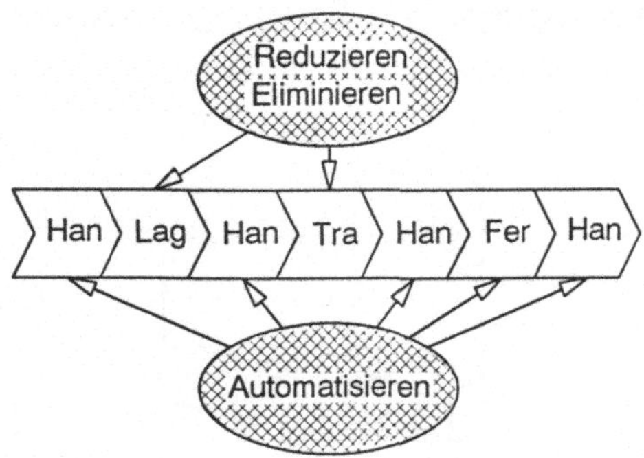

Bild 2.3
Anzustrebende Ziele bei der Handhabung von Material im Prozeßablauf
Fer Fertigung, Han Handhabung, Lag Lagerung, Tra Transport

Werden Industrieroboter zur Werkzeughandhabung eingesetzt, dann stehen natürlich Fragen zum erforderlichen Bewegungsvermögen im Vordergrund. Schließlich soll der Roboter durch Facharbeit überzeugen. Bei der Werkzeughandhabung sind sehr differenzierte Kenntnisse und Erfahrungen zum Prozeß nötig, insbesondere bei so diffizilen Vorgängen wie z.B. Nahtschweißen oder Kleben. Es müssen also Qualifikationsanforderungen für die Handhabetechnik ausgearbeitet werden. Dazu interessiert:

- Welche Systemkomponenten (Bewegungsachsen, Sensoren, Steuerungsart u.a.) sind erforderlich?
- Welche Peripherie (Zuführsysteme, Magazine, Spanneinrichtungen u.a.) wird gebraucht?
- Welche prinzipiellen Funktionsabläufe (Automatikbetrieb, Teach-in Programmierung u.a.) sind zu bewältigen?
- Welche Bedien- und Anzeigeelemente (Mensch-Maschine-Schnittstelle) müssen vorgesehen werden?
- Zu welchen Störungen kann es im zu automatisierenden Prozeß kommen und welches Störungsmanagement muß aufgebaut werden?

Bei der Werkstückhandhabung erstrecken sich die dazu erforderlichen Kenntnisse mehr auf die informationelle und materielle Verkettung von Roboter und Betriebsmittel. Einen Anhaltspunkt zur typmäßigen Differenzierung zeigt das **Bild 2.4**. Es wurden einige typische Fälle eingetragen.

Eine Roboterqualifikation vom Typ A ist für einfache Aufgaben kennzeichnend, z.B. ein Schweißroboter mit Drehtisch. Der Typ B ist für mäßig komplizierte Fälle zutreffend. Das sind z.B. Robotermontagen. Der Typ C beschreibt den integrierten Einsatz, z.B. die Versorgung von Maschinen mit Werkstücken durch mehrere Roboter. Der Typ D wäre dem Komplexeinsatz von Robotern zuzuordnen, wenn z.B. in der Automobilindustrie viele Punktschweißroboter auf engstem Raum eingesetzt werden.

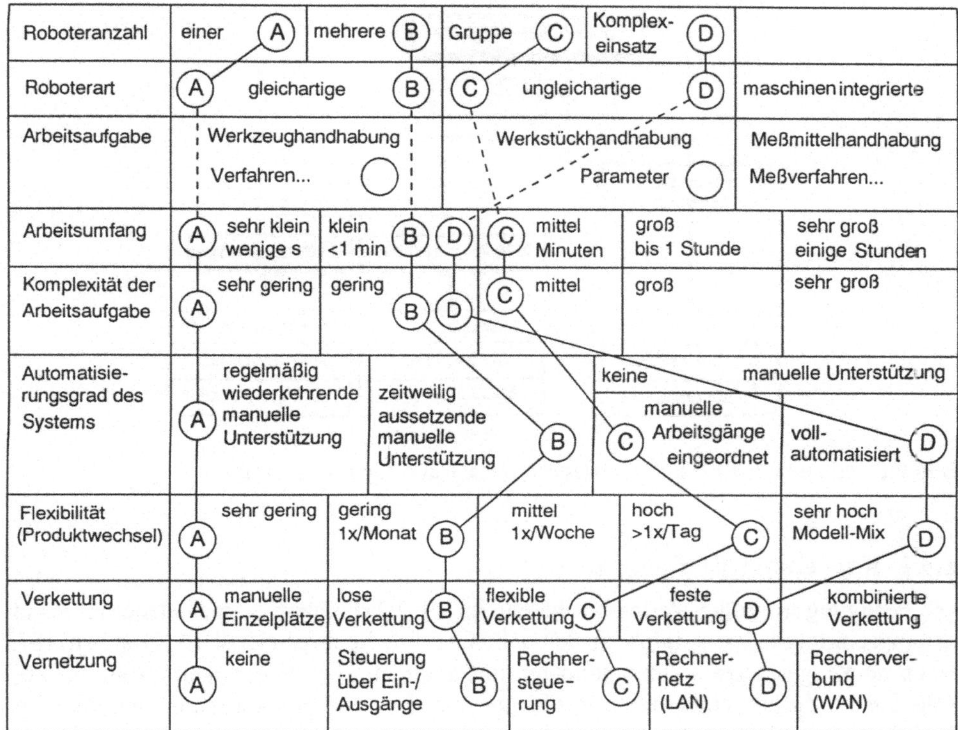

Bild 2.4 Zuordnung von Robotertypen nach dem erforderlichen Qualifikationsniveau
Flexibilität = unterschiedliche Produkte; Komplexität = vielschichtige Anwendung;
Verkettung = durchgängiger Materialfluß; Vernetzung = steuerungsmäßige Anbindung

2.3 Handhabungseinrichtungen

Der Begriff „Handhaben" ist von der Hand abgeleitet, von der wir wissen, daß sie unglaublich vielseitig verwendet werden kann. Zunächst denkt man an manuelles Bewegen von Objekten und das kommt vom lateinischen manus = Hand. Handhabungseinrichtungen sind also der technische Ersatz für Handarbeit im wahrsten Sinne des Wortes. Somit gilt folgende Definition:

Handhabungseinrichtungen sind technische Einrichtungen (Vorrichtungen, Maschinen, Automaten), die im weiteseten Sinne der Handhabung dienen. Da das Bewegen von Objekten (Werkzeuge, Werkstücke) typisch ist, können wir sie auch als Bewegungseinrichtungen bezeichnen. In **Bild 2.5** werden sie nach ihrem Steuerungsniveau eingeteilt.

Eine besondere Stellung hat heute der Industrieroboter wegen seiner relativ universellen Einsetzbarkeit erreicht. Diese Universalität bezieht sich allerdings nur auf seine Bewegungen. Sie sind freiprogrammierbar. Um wirklich flexibel zu sein, bedarf es aber weiterer Zutaten, wie geeignete Hände (Greifer), Sinne (Sensoren) und ein anpaßbares Umfeld (Peripherie).

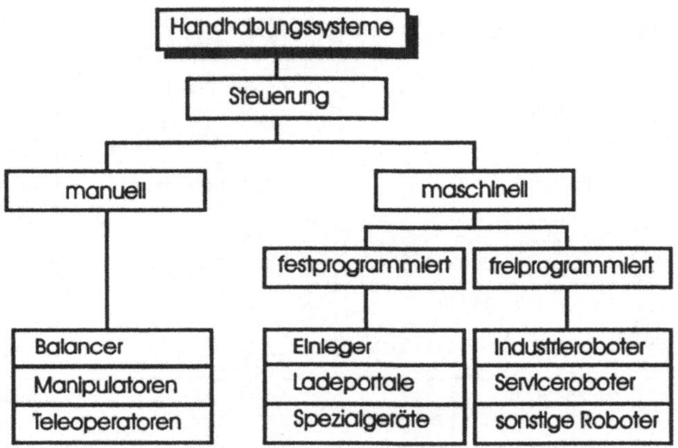

Bild 2.5 Einteilung der Handhabungssysteme nach dem Steuerungsniveau

2.3.1 Konventionelle Technik

Die Fertigung in großen Serien hat bereits im 19. Jahrhundert zu spezialisierten Handhabungseinrichtungen geführt. So hat z.B. Chr. M. Spencer (1839-1922) schon 1873 einen nockengesteuerten Drehautomaten mit automatischer Materialzuführung entwikkelt. Solche Zuführgeräte erzeugen oft nur eine Hin- und Herbewegung zwischen einstellbaren Anschlägen. Notwendige Hilfsbewegungen wurden meistens von der Hauptbewegung abgeleitet. Bei der in **Bild 2.6** gezeigten Lösung wurde sogar die Steuerung des Greifers eingespart. Man hat einen federnden Dorngreifer verwendet.

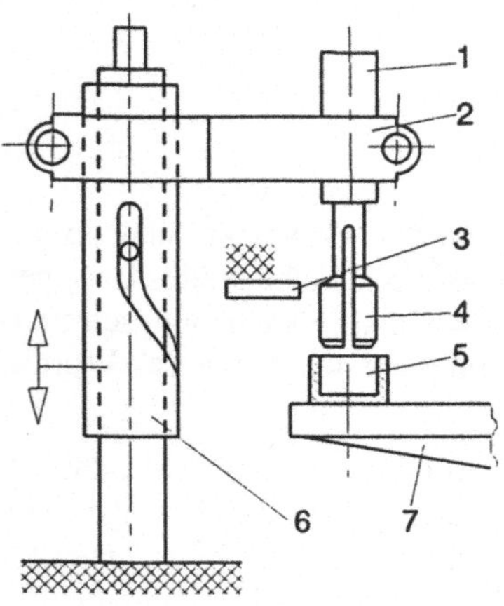

Bild 2.6
Hubausgeber an einer Sondermaschine
1 Greiferstange,
2 Hub-Dreh-Arm,
3 Teileabstreifer,
4 federnder Innengreifkopf,
5 Werkstück,
6 Steuerkurve,
7 Rundschalttisch (Arbeitsmaschine)

Das Werkstück wird durch einen Klemmgreifer vom Rundschalttisch abgenommen und an anderer Stelle durch Abstreifen an einer Blechkante wieder abgeworfen. Für den gesamten Bewegungszyklus genügt eine einzige Steuerkurve. Die Spezifik solcher Lösungen wird auch aus **Bild 2.7** sichtbar. Hier geht es darum, die noch heißen Trinkgläser aus einer Glasmaschine zu übernehmen. Das besorgen Arme mit Saugergreifer, die über Kopf schwenken. In zwei Übergabeschritten wird dann schließlich das Glas auf einem Temperband zum spannungsfreien allmählichen Abkühlen abgestellt. Alles passiert in der Bewegung, denn Rotormaschinen halten nicht an. Sie sind keine Taktautomaten.

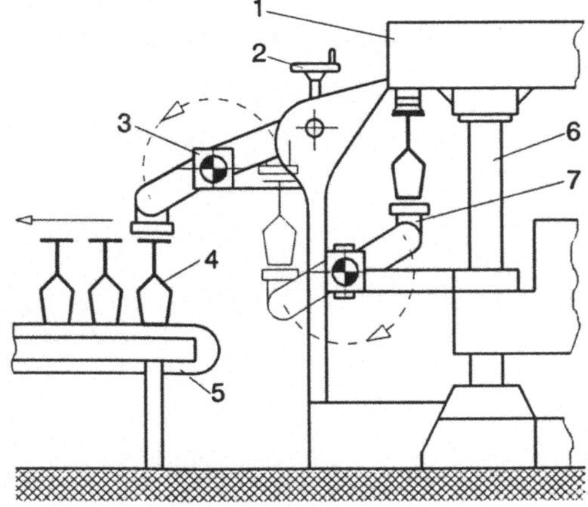

Bild 2.7
Entnahmeeinrichtung in der Glasindustrie
1 Rotormaschine,
2 Stellspindel (Einstellung auf Werkstückhöhe),
3 Umsetzer,
4 Werkstück,
5 Temperband,
6 Maschinengestell,
7 Entnahmeeinrichtung

Es gibt natürlich auch viele Handhabungseinrichtungen, die für spezielle Funktionen ausgelegt sind. Dazu zählen hauptsächlich:

- Speichern von Objekten (Bunkern, Schütten, Stapeln, Gurten, Magazinieren, Palettieren),
- Ändern von Ort und Orientierung (Weitergeben, Abzweigen, Zusammenführen, Drehen, Wenden, Schwenken),
- Erreichen definierter Lagen (Positionieren, Orientieren, Ordnen) und das Beschicken bzw. Laden (Zuteilen, Eingeben, Spannen, Entspannen, Ausgeben).

Konstruktionskataloge, in denen eine Vielzahl von Lösungsmöglichkeiten für Handhabungsgeräte präsentiert wird, können bei der Auswahl von großem Nutzen sein. Für einige Funktionen werden auch Baukastensysteme angeboten. In vielen Fällen müssen aber Handhabungssysteme zur Verkettung automatischer Werkzeugmaschinen und Fertigungsstationen nach den Besonderheiten des Werkstücks, z.B. nach seiner Geometrie, entwickelt werden.

2.3.2 Balancer

Balancer sind eigentlich Hebezeuge. Sie dienen aber ebenfalls der Manipulation von Gegenständen im Bereich eines industriellen Arbeitsplatzes. Sie sollen deshalb mit erwähnt werden. Man bewegt und steuert sie direkt von Hand, wobei der Bediener aber keine Arbeit gegen die Schwerkraft verrichten muß, weil die anhängende Last automatisch kompensiert wird. Das geschieht oft nach dem Prinzip der pneumatischen Waage.

Dabei wird durch eine Regeleinrichtung dem Pneumozylinder solange Druckluft zugeführt, bis der Kolben des Zylinders den Balancerarm einschließlich der zu bewegenden Last im Gleichgewicht hält. Läßt der Werker den in der Nähe des Lastaufnahmemittels (Greifer, Haken) befindlichen Steuergriff los, verbleibt die Last im Schwebezustand. Der Balancer ist also in seinen Bewegungen nicht programmierbar. Er dient zum leichten Heben, Umsetzen, Kommissionieren, Montieren, Positionieren und Stapeln von Arbeitsgut. Man setzt ihn gern dort ein, wo nur in größeren Zeitabständen z.B. eine Maschinenbeschickung mit oft schweren Gegenständen, z.B. Rollenmaterial (**Bild 2.8**), erforderlich ist.

Bild 2.8
Ständerbalancer mit einem Greifer zur Handhabung von Rollen (Schmidt Handling)

Das Führungsgetriebe ist oft ein Hebelgestänge, kann aber auch ein dicker Faltenschlauch (Saugluftwirkung), ein Seil oder ein Flachriemen sein. Letztere weisen nur wenig Eigenmasse auf, was ein sehr dynamisches Manipulieren fast ohne Nachlaufeffekte erlaubt.

Die Greifer werden gewöhnlich der Handhabungsaufgabe angepaßt. So gibt es z.B. Greifer für Kleinladungsträger, für Autoräder, Ommnibusscheiben, Papierrollen und Fässer. Das **Bild 2.9** zeigt einen Saugergreifer für Pappekartons.

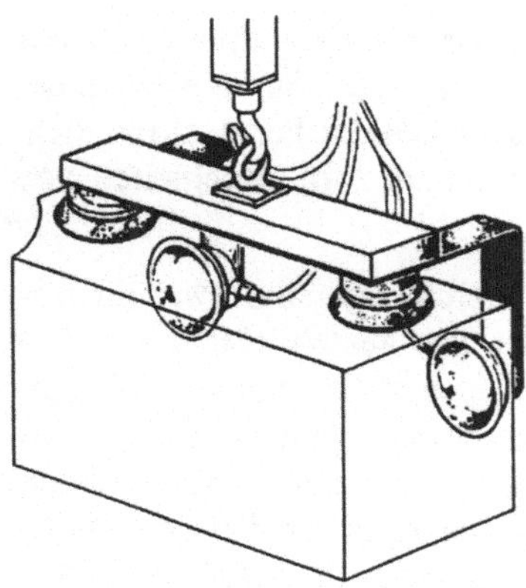

Bild 2.9
Saugergreifer für den Balancereinsatz

2.3.3 Manipulatoren

Manipulatoren sind Maschinen zum Handhaben von Objekten (Werkstücke, Werkzeuge), die durch manuelle Vorgaben gesteuert werden. Sie sind nicht im voraus programmierbar. Der Bediener braucht deshalb Sichtkontakt zum Arbeitsbereich, entweder durch direkte Sicht oder indirekt über einen Bildschirm. Die Aktionen werden über Taster, meistens aber über einen Analogsteuerhebel angewiesen. Mit diesem Hebel, der einem Joystick ähnlich ist, werden Richtungen und Geschwindigkeiten mit der Hand vorgeführt. Der Manipulator kopiert diese Bewegungen im Verhältnis 1:1 oder auch in einem anderen Maßstab. Werden die Bewegungen stark verkleinert, spricht man von einem Mikromanipulator. Solche Geräte haben in der Chirurgie Bedeutung erlangt. Bewegungen können aber auch vergrößert werden, wie z.B. bei dem in **Bild 2.10** dargestellten Industriemanipulator.

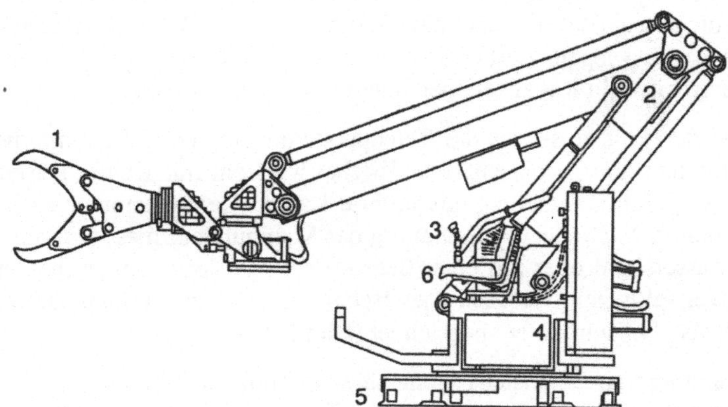

Bild 2.10 Industriemanipulator Andromat (Frankreich)
1 Greifer, 2 Führungsgetriebe, 3 Analog-Steuerhebel, 4 Dreheinheit, 5 Grundplatte, 6 Bedienersitz

Der Bediener sitzt hier mit auf der Maschine, genauso, wie ein Baggerführer. Damit werden z.B. Schmiedestücke beim Freiformschmieden unter dem Schmiedehammer manipuliert. Auch das Auspacken schwerer Metallgußstücke aus der Form ist möglich, mit anschließender Aufnahme eines schweren Elektroschleifers zum Abschleifen von Gußnähten.

Eine besondere Gattung sind die Master-Slave-Manipulatoren. Das sind zwei im mechanischen Aufbau gleiche Manipulatoren, von denen der eine ausschließlich zur Vorgabe der Bewegungen dient, während der andere der „Kopierer" ist. Sie werden typischerweise als Bewegungsmaschinen in den lebensfeindlichen „heißen Zellen" der Kerntechnik verwendet. Die Übermittlung der Bewegungen von einem Manipulator, dem „Meister" zum „Sklaven" in der kontaminierten Zone kann mechanisch (Seile, Stahlbänder), elektrisch-drahtgebunden (Stellsignale) und auch drahtlos übermittelt werden. Mit Präzisionsgetrieben und ausgefeilter Steuerungstechnik wird sogar erreicht, ein echtes Gefühl bei allen Bewegungen des Slave-Armes auf den Master-Arm und damit in die Hand des Operateurs zu übertragen. Das bezeichnet man als Kraftrückführung (force feedback).

2.3.4 Teleoperatoren

Teleoperatoren sind ferngesteuerte Manipulatoren, die gewöhnlich auf einer selbstfahrenden Plattform aufgebaut sind. Damit man sie aus sicherer Entfernung steuern kann, müssen Kommunikationsmöglichkeiten vorhanden sein, z.B. ein Kamerasystem. Der Bediener sieht dann durch das „Auge" des Teleoperators die Wirkungsstätte des Apparates. Oft werden auch noch andere Informationen übertragen, wie z.B. die Schräglage des Gefährts, Schwingungen und Geräusche vor Ort, Temperaturen und Gaszusammensetzungen. Der steuernde Bediener soll einen möglichst realistischen Eindruck von der entfernten Wirkungsstätte bekommen.

Das Mondfahrzeug „Lunachod" war ein für Forschungszwecke eingerichteter Teleoperator. Das Bedienerteam saß im Raumfahrtzentrum vor den Monitoren. Die Teleoperatoren werden also vorwiegend dort eingesetzt, wo direkte Sicht ausgeschlossen ist, z.B. bei Unterwasserarbeiten, in Kanalisationen oder in verseuchten Zonen.

Feuerwerker der Polizei setzen die Teleoperatoren ein, um z.B. Kofferbomben oder desolate Fundmunition zu entschärfen. Hierbei wird ein mit Ketten getriebenes Fahrzeug zum Ziel geführt, wobei die mitgeführte Kamera dem Operateur ein Bild von der Umgebung liefert. Nach der Positionierung des Manipulatorarmes wird dann mit einem Hochdruckwasserstrahl oder mit einer Schrotflinte der Koffer aufgeschossen. Alle großen Polizeiverwaltungen verfügen inzwischen über solche Teleoperatoren, die man gelegentlich als „Polizeiroboter" bezeichnet (**Bild 2.11**).

Die Teleoperatoren sind meistens nicht zu selbständigen Handlungsfolgen fähig. Das wird sich aber in Zukunft noch ändern. Der Terminus „Teleoperator" ist übrigens seit 1964 in Gebrauch.

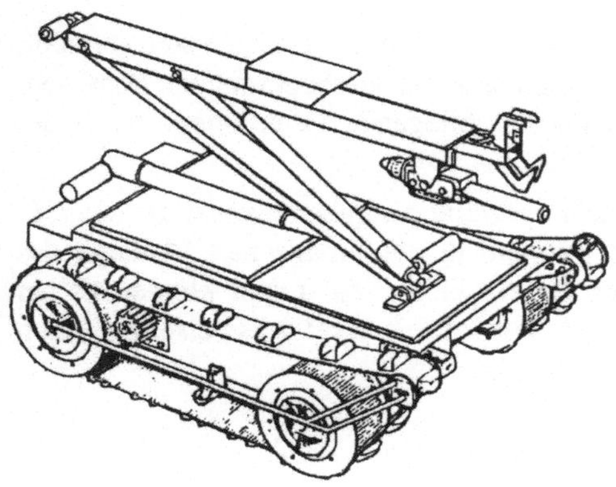

Bild 2.11
Telemanipulator im Polizeieinsatz (Hovey and Associates, Canada)

2.3.5 Einlegegeräte

In der Massenfertigung ist typisch, daß sich die erforderlichen Bewegungen zum Aufnehmen und Ablegen von Werkstücken über lange Zeiten überhaupt nicht verändern. Es wäre also unnütz, die ausführenden Aggregate in komfortabler Weise programmierbar zu machen. Solche Bewegungsautomaten, die in der Bewegungsfolge und in der Bewegungsbahn ein fest vorgegebenes Ritual absolvieren (Ablaufprogrammierung), heißen Einlegegeräte. Sie sind wegen ihrer auf Greifen und Ablegen spezialisierten Anwendung auch als Pick-and-Place-Geräte bekannt geworden (to pick = aufnehmen; to place = ablegen, plazieren).

Die Einleger werden z.B. vielfältig in der automatisierten Kleinteilmontage eingesetzt. Mitunter werden sie auch doppelarmig ausgeführt, was sich bei der Verkettung bzw. Beschickung von Pressen mit Blechteilen bewährt hat. Man kann sie elektromechanisch über Scheiben- oder Nutkurven antreiben (**Bild 2.12**).

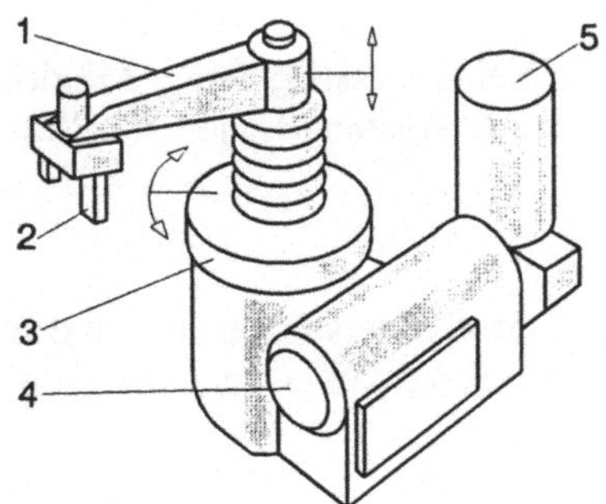

Bild 2.12
Ein typischer Zweiachser mit pneumatisch betätigtem Greifer, der bis zu 60 Zyklen je Minute absolvieren kann.
1 Schwenkarm,
2 Greifer,
3 Dreh-Hub-Einheit,
4 Getriebe,
5 Elektromotor

Pneumatische Einleger werden wegen ihrer Schnelligkeit gern eingesetzt. Man erreicht für einen kompletten Handhabungszyklus (Greifen-Bewegen-Ablegen-Rückhub) Zeiten bis herunter zu 1 Sekunde. Gewöhnlich haben die Einleger nur zwei gesteuerte Bewegungsachsen. Sie sind aber gelegentlich bis auf 5 Achsen aufrüstbar. Es muß sich dabei nicht unbedingt um einen kompakten Aufbau handeln. Auch aus Baueinheiten (Dreh- bzw. Schwenkeinheit, Lineareinheit, Greifer) lassen sich Einlegegeräte zusammensetzen. Die Baukastentechnik hat heute einen beeindruckenden technischen Stand erreicht. Damit aufgebaute Einleger lassen sich sehr gut an die Anwenderbedingungen anpassen. Das spart technischen Aufwand und vermeidet brachliegende Funktionen. Auch der Anbau an vorhandene Maschinen ist gut möglich.

Gelegentlich werden Einlegegeräte auch für sehr spezielle Aufgaben eingesetzt, wie z.B. das Ölen einer mechanischen Armbanduhr während der automatischen Montage des Uhrwerks. Der Positionierfehler der Einleger ist sehr klein, fast immer kleiner als bei Industrierobotern. Die hohe Positioniergenauigkeit wird mit vergleichsweise einfachen technischen Mitteln (Anschläge mit Dämpfer) erreicht.

2.3.6 Industrieroboter

Beim Industrieroboter wurde das für Bearbeitungsmaschinen entwickelte Prinzip der NC-Steuerung auf eine Bewegungsmaschine übertragen. Außerdem standen die für die Kerntechnik entwickelten „Ferngreifer", d.h. Master-Slave-Manipulatoren, Pate.

Industrieroboter sind universell einsetzbare Handhabungsautomaten mit wenigsten 3 Achsen, deren Bewegungen ohne mechanischen Eingriff freiprogrammierbar sind und die mit Endeffektoren, z.B. mit Greifern oder Werkzeugen, ausgerüstet werden (ISO TR 8373).

Industrieroboter unterscheiden sich deutlich von anderen Maschinen. Typisch sind folgende Grundeigenschaften:

- Zielorientiertheit

Der Roboter erledigt mehr oder weniger komplexe Aufgaben, indem er eine Folge von untergeordneten Teilzielen planmäßig und synchronisiert erreicht. Einiges davon plant der Roboter selbst.

- Flexibilität

Der Roboter ist an verschiedene Aufgaben und seine Umwelt anpassungsfähig. Mindestens sind aber die Bewegungen flexibel. Eine sensorische Aufrüstung ist je nach Notwendigkeit möglich.

- Automatismus

Der Roboter kann längere Zeit ohne ständige und unmittelbare Unterstützung durch den Menschen arbeiten. Über Lernalgorithmen besteht die Aussicht, daß er zukünftig sein Verhalten auch selbständig optimieren kann.

- Interaktion

Der Roboter kann über Sensoren aus seiner Umwelt Informationen gewinnen und dadurch auch zielgerichtet auf seine Umwelt einwirken. Die Vielfalt dieser Interaktionen steht in direktem Zusammenhang mit der Komplexität einer vorgegebenen Aufgabe und dem Grad der dynamischen Änderungen der Umweltzustände. Das betrifft z.B. die selbständige Reaktion des Roboters, wenn plötzlich Hindernisse in seinem Arbeitsraum auftauchen.

Im Laufe der Zeit haben sich durch Anpassung an praktische Erfordernisse verschiedene Bauformen herausgebildet. Das **Bild 2.13** zeigt die gebräuchlichsten Bauformen der Industrieroboter.

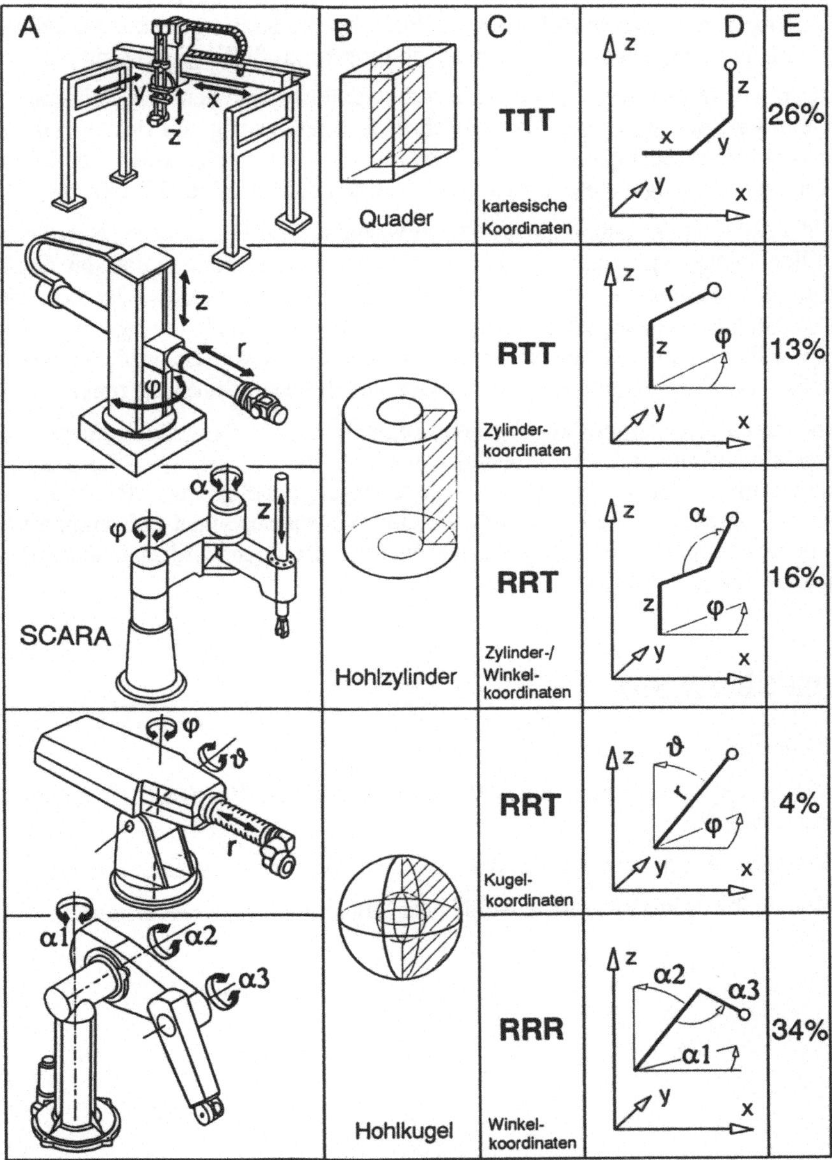

Bild 2.13 Bauformen gebräuchlicher Industrieroboter
A Bauform, B Arbeitsraum, C Kinematik, D Koordinatensystem der Gelenkkoordinaten, E Anteil am Typenspektrum, T Translationsachse, R Rotationsachse, SCARA Roboterarm mit ausgewählter Nachgiebigkeit

Der rechtwinklige Arbeitsraum (kartesisches Koordinatensystem) wird aus 3 linearen Hauptachsen gebildet. Da die Maßstabsteilung der Achsen deren gesamte Länge umfaßt, ergibt sich im quaderförmigen Arbeitsraum eine gleichbleibende Genauigkeit. Sie liegt durch die Auflösung der Wegmeßsysteme fest. Durch Verlängerung der X-Achse kommt man zu einem sehr großen langgestreckten Arbeitsraum. Das ist für die Mehrmaschinenbedienung durch Roboter vorteilhaft. Da die Kräfte gut über das Portal abgeleitet werden können, ist diese Bauform auch für sehr große Tragkräfte gut geeignet.

Kreisförmige Arbeitsräume (Zylinderkoordinaten) machen den Roboter zum Mittelpunkt eines Aktionsbereiches. Der ausfahrende Radialarm gewährleistet auf einfache Weise geradlinige Bewegungen („Hinlangen"), wie sie typischerweise z.B. für das Beschicken und Schmieden gebraucht werden. Ein Sonderfall ist der SCARA-Arm.

Beim SCARA-Prinzip stehen die ansonsten waagerechten Drehachsen „Schultergelenk" und „Ellenbogengelenk" eines Senkrecht-Gelenkarmes vertikal, so daß das Gerät horizontal um sie schwenkend eine große Fläche bestreichen kann. Damit ist diese Bauform für einfache, aber genaue Montageaufgaben mit kleinem Vertikalhub gut geeignet. Man setzt sie z.B. gern in Montagezellen für das Bestücken von Leiterplatten ein. Durch Einknicken des Armes kann der Roboter auch um Hindernisse herumgreifen.

Roboter, deren Arbeitsraum kugelig oder kugelähnlich ist (Kugelkoordinaten), werden mitunter als Universalroboter bezeichnet, weil das der menschlichen Gelenkigkeit am nächsten kommt. Man setzt sie gern für die Werkzeughandhabung, z.B. für das Schweißen, ein. Sie brauchen schon für einfache Geradeausbewegungen aufwendige Steueralgorithmen, weil stets alle Achsen bewegt werden. Dadurch wird aber jeder Punkt im Arbeitsraum schnell erreicht.

Kontrollfragen

2-1 Nennen Sie 3 Bereiche des Materialflusses!

2-2 Worin liegt der Vorteil eines Industrieroboters im Vergleich zu einem starren Automaten?

2-3 Welche 3 Hauptarten von Handhabungssystemen kann man unterscheiden?

2-4 Welche Koordinatensysteme werden bei Industrierobotern verwendet?

3 Anwendung von Robotertechnik

3.1 Tendenzen und Anwendungsfelder

Einer der Pioniere der Roboterentwicklung, der Firmengründer der amerikanischen Firma UNIMATION, Joseph Engelberger, meinte einmal: „Ich kann Roboter nicht definieren, aber ich erkenne einen, wenn ich ihn sehe." Dahinter verbirgt sich die Ahnung, daß der Industrieroboter in seiner ursprünglichen Form nur ein Basismodell für die Robotik der Zukunft ist. Tatsächlich nimmt er ja in bisherigen Maschinenstrukturen die Aufgaben des Menschen wahr. Man wird natürlich versuchen, künftige Produktionsanlagen von Haus aus mit integrierten Roboterarmen zu versehen. So gesehen ist es beinahe unmöglich, alle Formen, die er annehmen wird, vorauszusagen. Außer Zweifel steht, daß der Roboter im Gleichklang mit den Fortschritten in der Computertechnologie und der Sensorik auch immer mehr intellektuelle Fähigkeiten erwerben wird. Die Informatiker betrachten den Roboter deshalb sehr gerne als Teilgebiet der KI-Forschung (KI = Künstliche Intelligenz). Diese Zuordnung ist allerdings sehr begrenzend, da in der Robotik zahlreiche Wissensgebiete aus Ingenieur- und Naturwissenschaft zusammentreffen, wie z.B. Mechanik, Werkstoffkunde, Maschinenbau, Hydraulik, Elektrotechnik und Informatik.

Roboteranwendungen gab es zuerst für die automatische Werkstückhandhabung in der Industrie. Dem folgte die Erkenntnis, daß man den Roboter auch zum Facharbeiter machen kann, wenn man ihn Werkzeuge führen läßt. Punktschweißen und Farbspritzen machten den Anfang. Das Prädikat „robotergeschweißt" gilt inzwischen als Qualitätsarbeit beim Lichtbogenschweißen, denn die Nähte werden so sauber angelegt, daß der Mensch kaum noch mithalten kann. Bezogen auf eine Dauerleistung ohnehin nicht.

Inzwischen ist eine Ausbreitung der Roboter auch außerhalb der Industrie zu beobachten, auch in solchen schwierigen Feldern wie z.B. der Chirurgie. Zu beobachten sind auch Tendenzen, Roboterstrukturen zu vergrößern (Großroboter) und zu verkleinern (Mikroroboter und -manipulatoren).

Serviceroboter stellen eine ernstzunehmende Spezies dar, deren massenhafter Einsatz noch in diesem Jahrhundert in Gang kommen wird. Wer hätte vor einigen Jahren gedacht, daß der untergegangene Luxus-Liner Titanic von einem Kameraroboter (richtigerweise sollte man von einem Teleoperator sprechen) mit Namen Jason Junior untersucht wird und daß man erste Prototypen eines Tankwart-Roboters besichtigen kann?

Trotz etlicher Studien, die bereits zum Haushaltroboter durchgeführt wurden, wird dieser kurz und mittelfristig wohl noch kein technisch-wirtschaftliches Niveau erreichen, das man akzeptieren kann. Das hängt mit den vielen Unwägbarkeiten in unserer Wohnumgebung zusammen, mit denen er fertig werden müßte. Trotzdem gibt es prinzipiell keinen Grund, warum es Haushaltroboter mit scharfen Augen, sensiblen Händen und intelligentem Verhalten eines Tages nicht geben sollte.

In Delphi-Prognosen (das sind zusammengefaßte Schätzungen von mehreren Wissenschaftlern) wird versucht, eine Vorausschau zu geben, auf welchen Gebieten man neue Roboteranwendungen erwarten darf. Folgendes wird uns da unterbreitet:

- Löschroboter für die Brandbekämpfung und Menschenrettung, besonders in Bauwerken,
- Roboter für den Bergbau, für Tunnelprojekte und das Bauwesen (Hoch- und Tiefbau),
- Roboter, die auf Baby-, Kranken- und Altenpflege spezialisiert sind,
- Roboter, die Blinde führen und Versehrten sowie Unfallopfern helfen,
- roboterähnliche Geräte (Außenskelette), mit denen Gelähmte wieder gehen können,
- Mikroroboter, die in Blutgefäßen arbeiten sowie Maschinenstrukturen inspizieren und vor Ort Wartungsarbeiten ausführen und schließlich sogar
- Roboter mit Händen und Füßen sowie menschenähnlichem Aussehen ab dem Jahre 2013.

Ein Versuch, die technische Evolution von Robotern darzustellen, ist das **Bild 3.1.** Dank verbesserter Antriebs- und Steuerungstechnik wird sich der Aktionsbereich erweitern. Das allgemeine Ziel sind flexiblere, intelligentere, autonom mobile und leistungsfähigere Handhabungsmaschinen. Es wird jedoch stets auch Bedarf an Maschinen aller Leistungsstufen geben, d.h. niedere Entwicklungsstufen müssen deshalb nicht aussterben. Typisch ist, daß zuerst die speziellen Ausführungen entstehen, ehe sich allmählich universell nutzbare Lösungen (weil technisch schwieriger) durchsetzen. Vorerst haben wir aber damit zu tun, den Einsatz heutiger Roboter in der Industrie und auch darüber hinaus weiter voranzubringen.

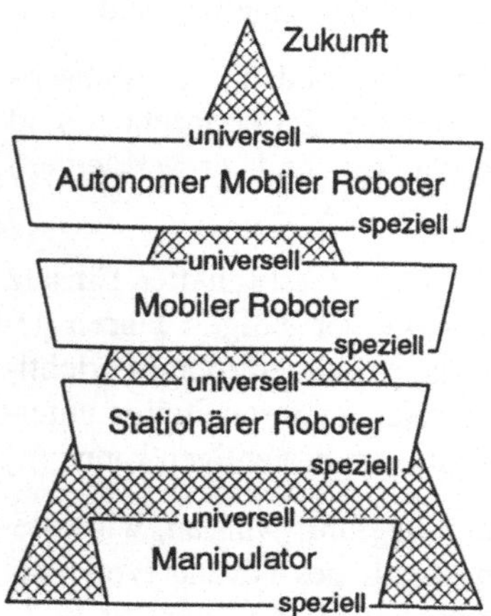

Bild 3.1
Entwicklungsstufen von Robotern

3.2 Roboter im Industrieeinsatz

Industrieroboter haben sich zuerst in der Automobilindustrie für das Punktschweißen von Rohkarosserien durchgesetzt. Bereits 1969 wurden in einem Automobilwerk von General Motors 75% aller Schweißarbeiten dem Roboter übertragen. Es wurden Wasserablaufrinnen, Radkästen, Türschwellen und Türsäulen selbsttätig angepunktet. In einer Stunde hatten die Roboter 60 Karosserien punktgeschweißt. Diesen Fortschritt kann man nur einschätzen, wenn man weiß, daß die Handhabung schwerer Punktschweißzangen eine gefährliche und anstrengende Tätigkeit ist und ein PKW von etwa 5000 Schweißpunkten zusammengehalten wird.

Inzwischen wird sogar über Sensoren festgestellt, welche Karosserieart (Coupé, Limousine u.a.) gerade ankommt, so daß die jeweils zutreffenden Schweißprogramme automatisch aufgerufen werden können.

Der Roboter hat natürlich auch neue Bedingungen für die Planung von Arbeitslinien hervorgebracht. Damit ein Arbeiter überhaupt im unteren Bereich einer Karosserie Schweißpunkte setzen kann, mußte man eine Arbeitsgrube vorsehen. Das war nun nicht mehr erforderlich. Bei der Aufteilung der Arbeitstakte brauchte man auch nicht mehr auf den Sicherheitsabstand zum nächsten Schweißer zu achten, der ja durch wegsprühende Schweißspritzer belästigt und gefährdet werden könnte. Man benötigt insgesamt weniger Produktionsfläche und auch weniger Schweißgeräte.

Heute hat sich der Anwendungsbereich der Industrieroboter sehr ausgebreitet. Im Prinzip lassen sich folgende Unterscheidungen treffen:

- Roboter mit Punkt- oder Bahnsteuerungen und
- Roboter zur Werkstück- oder Werkzeughandhabung.

Punktsteuerungen sind typisch für die Werkstückhandhabung und einige ausgewählte Werkzeuganwendungen (Bohren, Punktschweißen). Bahnsteuerungen sind dagegen für die Werkzeughandhabung charakteristisch, wie z.B. das Auftragen von Klebstoffraupen oder das Lichtbogenschweißen. Auf solche Anwendungen soll nun etwas näher eingegangen werden.

3.2.1 Werkzeughandhabung

Industrieroboter sind zur aktiven Bearbeitung, also zur Verrichtung von Haupttätigkeiten im Sinne der REFA-Definition fähig. Eine Haupttätigkeit ist die gezielte Einwirkung auf ein Werkstück, die dessen unmittelbare Veränderung im Sinne der Arbeitsaufgabe zur Folge hat, z.B. Entgraten oder Schweißen. Bei der Werkzeughandhabung erledigt ein Roboter wertschaffende Facharbeit, beim Beschicken einer Maschine nicht. Das sind Hilfstätigkeiten. Aus der Sicht der Bewegungsabläufe können robotergestützte Produktmontagen besonders anspruchsvoll sein, wie z.B. die komplette Montage eines Rädergetriebes.

3.2.1.1 Montieren

Wesentliche Voraussetzung für das automatische Montieren sind montagegerecht gestaltete Produkte. Das erfordert konstruktives Umdenken beim Entwurf von Erzeugnissen. Das Ziel besteht darin, einfache Fügebewegungen, sichere Verbindungsverfahren, möglichst wenige Montageteile und eine Gliederung des Produkts in überschaubare Baugruppen und Teilprozesse zu erreichen.

In der Automobilindustrie werden z.B. die Räder von Robotern montiert (**Bild 3.2**) und oft wird auch das Ersatzrad mit eingelegt.

Bild 3.2 Roboter montieren bei laufendem Hängeförderer paarweise Vorder- und Hinterräder (KUKA)

Ein spezieller Greifer mit integrierten Schraubern nimmt die Verbindungsmittel und das Rad in der Peripherie auf. Sensoren suchen die Radmitte und die Löcher auf dem Teilkreis. Dann dreht sich der Greifer, um die Schraublöcher zur Deckung zu bringen und die Montage beginnt. Das passiert alles bei laufendem Hängekreisförderer. Außerdem muß das Anziehmoment aller Verbindungen präzise überwacht werden.

Es gibt natürlich auch Montagen, die nicht an Fließstraßen ausgeführt werden. Bei kleinen Stückzahlen und häufig wechselndem Sortiment sind Montagezellen günstig.

Eine Montagezelle ist eine Produktionseinheit mit einem oder mehreren Montagerobotern als Kern, in der ein Produkt weitgehend komplett montiert und fertiggestellt wird.

Typisch ist außerdem eine zelleninterne Werkzeug- und Werkstückversorgung (Werkzeugspeicher, Werkzeugwechsel, Werkstückzuführung und -speicherung). Das Ganze wird von einem Zellenrechner gesteuert und überwacht. Er garantiert das reibungslose Zusammenspiel aller beteiligten Einrichtungen. Ein einfacher Aufbau wird in **Bild 3.3** gezeigt.

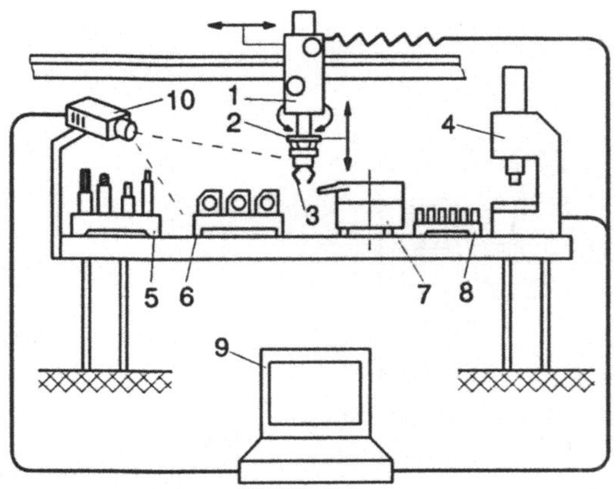

Bild 3.3 Die Komponenten eines programmierbaren Montagesystems
1 Portalroboter, 2 Fügehilfe, 3 Greifer, 4 Montagepresse, 5 Greifer- und Werkzeugmagazin, 6 Montagebasisteile, Produkte, 7 Vibrationswendelförderer für die Bereitstellung von Kleinteilen, 8 Montageteile im Magazin, 9 Steuerung, Rechner, 10 Kamera

Der Portalroboter kann sich selbst mit verschiedenen Greifern und Fügewerkzeugen ausstatten. Er montiert Schritt für Schritt eine Baugruppe. Für das Verpressen steht ihm eine Montagepresse zur Verfügung. Das System wird von einer Kamera beobachtet.

In der Elektronik entstanden Montagesysteme zur Bestückung von Leiterplatten. Je nach Anforderungsprofil unterscheiden sich auch die technischen Lösungen (**Bild 3.4**). Eine Einzelzelle läßt sich schnell umrüsten, bringt aber nur einen geringen Ausstoß. Eine Einzweck-Montagelinie ist auf höchste Leistung getrimmt, dafür aber wenig variabel.

Werden Montagezellen in Bypass-Schaltung (bypass = Umgehung) an das Hauptförderband angekoppelt, gewährleistet das eine hohe Variabilität bei der Montage unterschiedlicher Produkte, weil dann die jeweils nötigen Montageplätze nach Bedarf angelaufen werden. Der Produktionsausstoß ist trotzdem ansprechend. Die Zellen können auch gleiche Tätigkeiten ausführen. Dann handelt es sich um eine Parallelschaltung von Arbeitsstellen, was man aus Gründen der Leistungssteigerung macht.

Einzweck-Montagelinien (**Bild 3.4c**) sind eine Hintereinanderschaltung von einzelnen robotisierten Montageplätzen, die durch eine Transferstrecke (Bandförderer) miteinander verbunden sind. Diese Lösung wird gewählt, wenn große Serien vorliegen und je Produkt oder Baugruppe viele Montageoperationen anfallen.

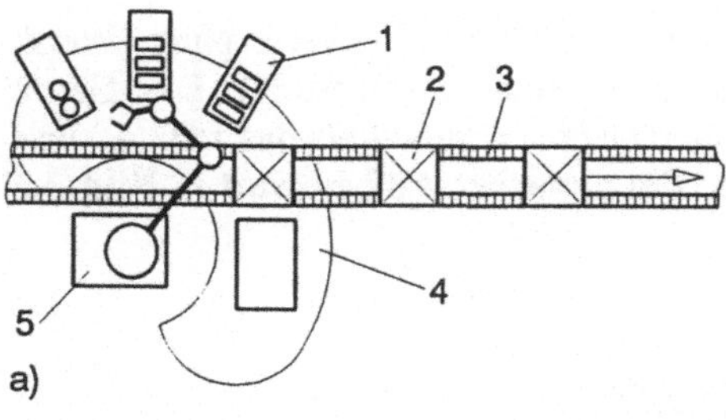

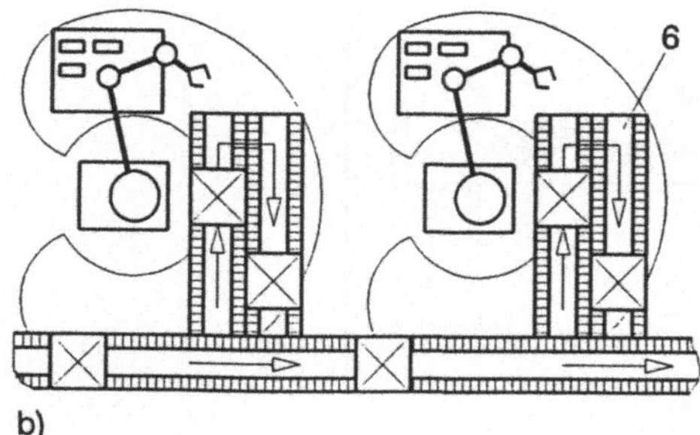

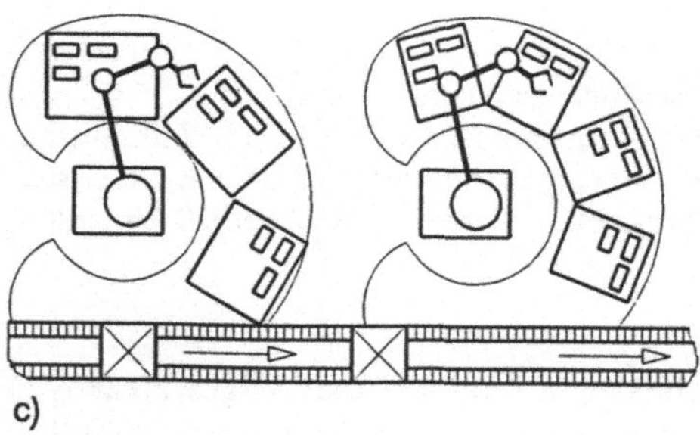

Bild 3.4
Bestückung von Leiterplatten mit dem Industrieroboter (Draufsicht)
a) einzelne Montagezelle,
b) Parallelschaltung von Montagezellen,
c) Einzweck-Montagelinie (Reihenschaltung)
1 Magazin für die Bauteilebereitstellung,
2 Werkstückträger, Leiterplatte,
3 Doppelgurtförderer,
4 Arbeitsraum des Roboters,
5 Scara-Roboter,
6 Bypass-Förderstrecke

3.2.1.2 Schweißen

Das Roboterschweißen hat sich durchgesetzt, weil Arbeitszeit gespart wird und der einmal programmierte Roboter viel gleichmäßiger und auch fehlerloser arbeiten kann als jeder noch so tüchtige Werker. Beim Lichtbogenschweißen mit mehr als 200 Ampere Stromstärke ist der Mensch gewöhnlich überfordert. Das Auge, das ja immer den Schweißprozeß beobachten muß und die Konzentration lassen recht schnell nach. Fazit: Der Schweißroboter ist rationeller, weil er mit höherem Schweißstrom und daher mit mehr Abschmelzleistung arbeiten kann als der Mensch.

Entwicklungsgeschichtlich wurde zuerst das Widerstandspunktschweißen mit Robotern in der Automobilindustrie verwirklicht. Der Roboter führt die mitunter ausladenden und schweren Punktschweißzangen, z.B. 90 kg, präzise nach Programm (**Bild 3.5**).

Bild 3.5 Roboter beim Punktschweißen einer PKW-Karosserie (KUKA)

Der Schweißtransformator wird mitunter auf dem Unterarm des Roboters montiert, große Trafos stellt man separat auf. Mitunter müssen die stromführenden Teile auch gekühlt werden (Wasserkühlung). Ausschlaggebend für den Einsatz war im Automobilbau auch die Wiederverwendbarkeit des Roboters bei einem Modellwechsel. Früher wurden die Karosserien nicht nur vom Menschen, sondern auch von automatisierten Vorrichtungen geschweißt. Wenn ein Autotyp nicht mehr gefragt war, wurden 60 bis 70% der starren Schweißvorrichtungen (-automaten) verschrottet. Ein freiprogrammierbarer Roboter wird nur neu programmiert. So waren z.B. im VW-Konzern 1987 bereits 1190 Punktschweißroboter im Einsatz. Man muß allerdings beachten, daß ein Handschweißer mehr macht, als nur Schweißpunkte setzen. Er hat in der Regel mehrere verschiedene Schweißzangen nacheinander zu bedienen, er kontrolliert die gesetzten Punkte und wartet sein Werkzeug, d.h. er feilt von Zeit zu Zeit die Elektroden an und kontrolliert die Zündung.

Punktschweißroboter können mit einem automatischen Wechselsystem ausgestattet werden und sind dann ebenfalls in der Lage, unterschiedliche und der Bauteilgeometrie angepaßte Punktschweißzangen nacheinander aufzunehmen. Die Schweißzangen sind in einem Magazin in Reichweite abgelegt. Ein kompletter Wechselvorgang dauert nur einige Sekunden (etwa 5 bis 10 Sekunden).

Das Lichtbogenschweißen ist technisch bedeutend schwieriger zu automatisieren. Meistens ist die Brennerführung komplizierter, was mehr gesteuerte Achsen verlangt. Beim

Schweißen von Nähten auf gewölbten Flächen muß nicht nur der vorbereiteten Naht im konstanten Abstand nachgefahren werden, sondern der Brenner muß außerdem noch einen sich ständig ändernden Winkel zur Oberfläche einnehmen (**Bild 3.6**). In der Bahngenauigkeit darf der Fehler in der Regel nicht größer als 0,2 mm sein.

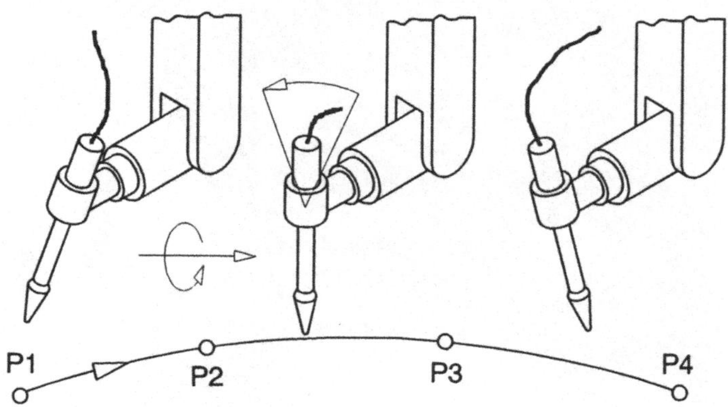

Bild 3.6 Schweißbrenner, der auf einer Kreisbahn geführt wird, wobei gleichzeitig eine sich laufend verändernde Orientierung des Brenners zum Werkstück erfolgt. Pi Bahnstützpunkte

In **Bild 3.7** wird das Instrumentarium für eine MIG/MAG-Schweißanlage gezeigt (MIG = Metall-Inert-Gas; MAG = Metall-Aktiv-Gas). Die Zuführung von Energie und Stoff erfolgt in Schlauchpaketen. Zuzuführen sind der Schweißstrom vom thyristorisierten bzw. transistorisierten Schweißgleichrichter, Druckluft, Kühlwasser, Schutzgas sowie der Schweißdraht. Der Brennerkopf ist an der Roboterhand angeflanscht und nimmt den wassergekühlten, schnell wechselbaren Maschinenbrenner, den Drahtförder-Hauptantrieb, die Abschaltsicherung sowie die Schlauchpaketkupplung mit den Energie- und Medienanschlüssen auf. An modernen Schweißrobotern werden heute u.a. Lasersensoren eingesetzt, die den Nahtanfang finden und die zur Nahtverfolgung dienen. Von Zeit zu Zeit wird die Gasdüse automatisch gesäubert. Das geschieht mechanisch mit einem rotierenden Messerkopf und durch Freiblasen. Dann werden Düse und Kontaktrohr noch mit einem Antihaftspray behandelt. Der Drahtförder-Vorantrieb hat die Aufgabe, Schweißdraht von der Spule abzuziehen und auch bei engen Schlauchpaketradien durch die Drahtführungsspirale in Richtung Drahtförder-Hauptantrieb zu schieben.

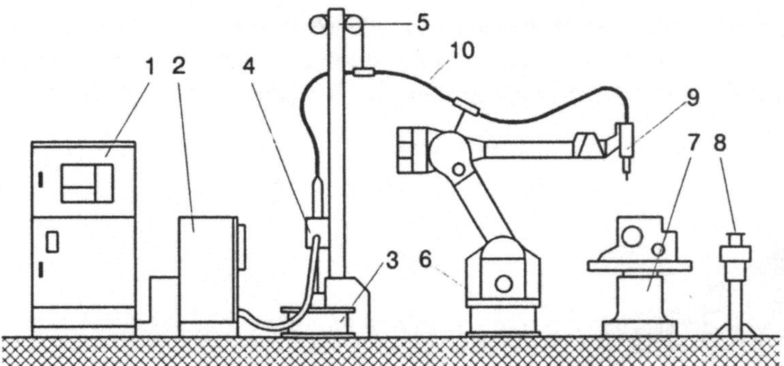

Bild 3.7 Schweißausrüstung für einen Roboterarbeitsplatz zum MIG/MAG-Schweißen
1 Robotersteuerung, 2 Schweißgleichrichter, 3 Schweißdrahtgroßspule, 4 Drahtförder-Vorantrieb, 5 Schlauchpaket-Aufhängung, 6 Industrieroboter, 7 Schweißtisch, 8 Brenner-Reinigungsgerät, 9 Brennerkopf mit Drahtförder-Hauptantrieb, 10 Schlauchpaket

3.2.1.3 Beschichten

Die norwegische Firma Trallfa hatte in den 60er Jahren Schwierigkeiten, Arbeiter für die Lackiererei z.B. von Schubkarren zu finden. Farbspritzen ist eine schwere Tätigkeit, so daß man 1966 eine Maschine konstruierte, die eine einmal eingegebene Spritzbewegung hinreichend genau wiederholen konnte. Norwegen war also nach den USA das zweite Land, das Roboter herstellte, und das Lackbeschichten war eine neue und auch schwierige Anwendung für Roboter.

Zum Beschichten werden meistens hydraulische Drehgelenkroboter eingesetzt. Aus **Bild 3.8** geht hervor, daß der Roboter nur den reinen Beschichtungsvorgang erledigt, so daß alle Nebenarbeiten, wie Auflegen bzw. Anhängen von Teilen, Drehen, Wenden, Transportieren u.a. den automatischen Beschichtungsvorgang räumlich und zeitlich angepaßt werden müssen. Oft werden die Werkstücke am Hängekreisförderer transportiert. Dem Farbspritzprogramm muß dann eine Bewegung zur Verfolgung des Objekts überlagert werden (Line-Tracking-Fähigkeit). Moderne Systeme verfügen überdies über Einrichtungen zur Farbmengenregelung und es kann sogar per Programm auf eine andere Farbe umgeschaltet werden (Farbwechselsteuerung). Die Positionierfehler durch den Roboter und vor allem durch Geschwindigkeitsschwankungen des Hängekreisförderers dürfen nicht größer als ± 5 mm sein. Mitunter teilt man die Programme. Der zweite Teil erfordert dann einen erneuten Startimpuls, beginnt aber wieder exakt synchron zur Förderbewegung.

Da der Spritzstrahl senkrecht auf die Oberfläche treffen soll, wird eine gute Handbeweglichkeit verlangt, besonders bei gewölbten Flächen, Hohlteilen u.ä. Sind nur ebene Platten zu spritzen, hat man auch schon Linearspritzroboter verwendet, die im kartesischen (rechtwinkligen) System arbeiten und mit sehr wenig Achsen auskommen.

Die komplizierten Handbewegungen kann man nun nicht analytisch beschreiben. Deshalb werden Roboter zum Beschichten angelernt. Ein geübter Lackierer faßt den Roboter am Effektor an und führt eine mustergültige Lackierung aus. Dabei sind die Antriebe des Roboters abgestellt. Der Roboter merkt sich alle Gelenkeinstellungen. Das bezeichnet man als Playback-Programmierung bzw. direktes Teach-in. Beim wiederholten Abspielen des Programms kann man meistens den gesamten Ablauf noch etwas schneller stellen.

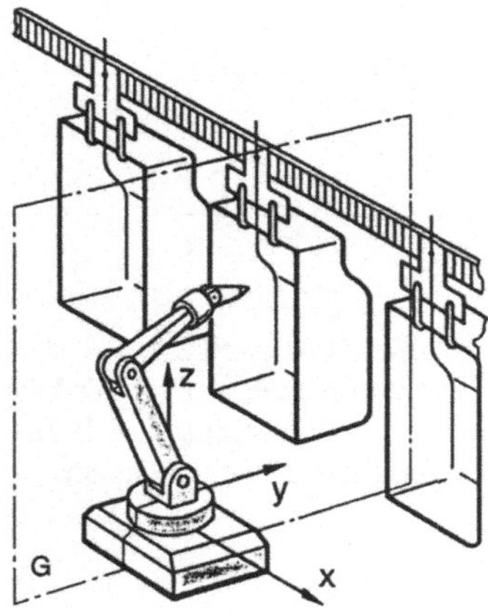

Bild 3.8
Beschichten von Kästen mit dem Farbspritzroboter
G Referenzebene

3.2.1.4 Kleben

Klebstoffe werden immer mehr zur Verbindung von Teilen eingesetzt. Der Roboter kann eine Klebstoffraupe ähnlich wie beim Lichtbogenschweißen legen oder den Klebstoff auch nur als Folge von Punkten aufbringen. Bei kleinen Teilen geht es auch andersherum, d.h. der Roboter nimmt das Werkstück auf und führt es am stationären Klebstoffspender vorbei.

Im Normalfall wird der Roboter mit einer Auftragspistole bzw. Dosierdüse ausgestattet, die eine konstante Kleberaupe abgibt. Für das präzise Abfahren von z.B. gewölbten Flächen benötigt der Roboter mindestens 5 Achsen. Für eine Klebenahtlänge von 700 mm werden etwa 3 s benötigt. Auf der Geraden kommt man zu Auftragsgeschwindigkeiten bis etwa 500 mm/s.

Kleben mit dem Roboter geht schneller als von Hand, die Klebstoffstränge werden sehr exakt gelegt und es wird auch Kleber eingespart. In der Automobilindustrie werden Kleb- und Dichtstoffe z.B. auf das Außenblech einer LKW-Tür aufgetragen. Der Roboter hat einen Effektor mit zwei Spritzdüsen, die per Programm ein- oder ausgeschaltet werden.

Aus Qualitätsgründen ist eine ständige Überwachung der Dosierung erforderlich. Diese Aufgabe ist schwierig, weil meistens sehr kleine Mengen dosiert werden und Luftblasen vorkommen können. Man kann hier zwei Wege beschreiten:

- Messen des Auftrags auf dem Werkstück mit Fluoreszenzmessung (wenn dem Kleber fluoreszierende Stoffe beigemengt wurden) über eine Farberkennung oder Bildanalyse sowie
- Messung der Strömungsverhältnisse im Dosiersystem mit einem Sensor.

Im letztgenannten Fall wird der Druckverlauf an der Düse gemessen (**Bild 3.9**). Öffnet sich das Ventil, dann baut sich ein Druck auf, der von der Viskosität und von strömungstechnischen Parametern abhängig ist. Dieses Drucksignal wird zur Steuerung verwendet. Es informiert auch über Fehler, wie z.B. Dosiernadel verstopft, so daß ein Schlecht-Signal ausgegeben werden kann.

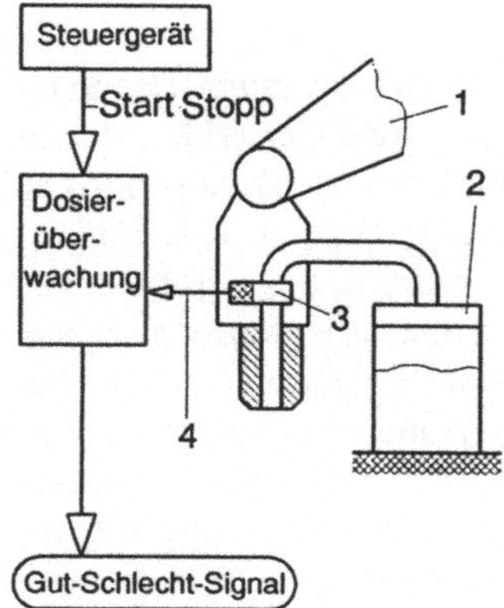

Bild 3.9
Dosierüberwachung mit Sensor
1 Roboterarm,
2 Klebstofftank,
3 Dosiersensor,
4 Sensorsignal

3.2.1.5 Schleifen, Entgraten, Polieren

Schleifen und Entgraten sind für einen Roboter schwierige Arbeitsoperationen, weil sie „Gefühl" erfordern. Deshalb hat sich hier die Automatisierung mit dem Roboter nur langsam durchgesetzt. Während der Bearbeitung muß über einen Kraftsensor sichergestellt sein, das auch bei abweichendem Gratverlauf die Bahn und die Bearbeitungskräfte nicht aus dem Ruder laufen. Das Werkzeug soll mit stets gleicher Kraft gegen das Werkstück gepreßt werden. Bei einem dreidimensionalen Bahnverlauf stellt das hohe technische Anforderungen. Schließlich ist auch noch der Schleifscheibenverschleiß (Scheibendurchmesser) auszuregeln. Besondere Schwierigkeiten machen die häufig zu großen Nachgiebigkeiten des Roboter-Führungsgetriebes und die Wiederholgenauigkeit der Roboter. Besondere Beachtung verdient auch das Bewegungsverhalten des Roboters an Ecken und bei geringen Geschwindigkeiten.

In **Bild 3.10** wird das Verschleifen einer Schweißnaht gezeigt. Als Werkzeug kommen häufig Hochfrequenz-Elektrowerkzeuge zum Einsatz mit Lastdrehzahlen bis zu 50000 min^{-1} und bis 10 kW Leistung. In diesem Fall hat der Roboter auch ziemliche Lasten mit Feingefühl zu manipulieren.

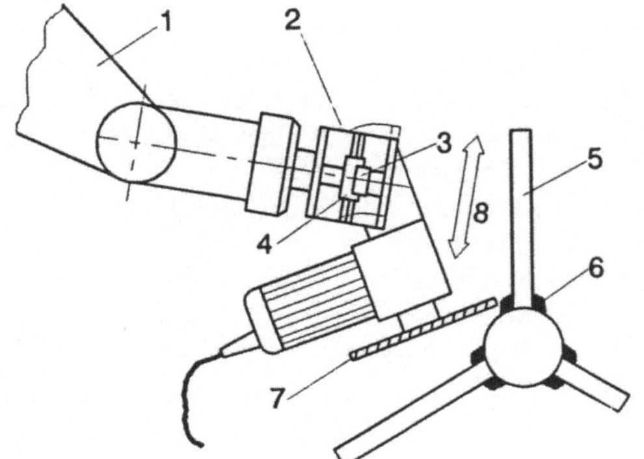

Bild 3.10
Verschleifen einer Schweißnaht mit dem Industrieroboter
1 Roboterarm,
2 Blattfederelemente,
3 Linearpotentiometer,
4 Dämpfer,
5 Werkstück,
6 Schweißnaht,
7 Schleifscheibe,
8 Korrekturbewegung

Es gibt aber auch den umgekehrten Fall, d.h. der Roboter führt das Werkstück gegen eine stationäre Schleifmaschine, z.B. ein Bandschleifaggregat. In diesem Fall ist das Schleifband sehr nachgiebig. Da bei z.B. mehrseitig gekrümmten Körpern (Freiformflächen) nur punktuell geschliffen werden kann, wird eine große Roboterbeweglichkeit gebraucht.

Für das Gußputzen in der Gießerei werden Master-Slave-Systeme bevorzugt. Das kann z.B. ein Drehgelenkroboter sein, der seine Befehle von einem Bediener erhält, der in einer sicheren Kabine sitzt und den Universalroboter nach Sicht steuert. Dazu benutzt er einen Gelenkarm in verkleinerter Form, den er wie einen Joystick benutzt. Jede Schleifbewegung vor und zurück muß am Steuerhebel vorgeführt werden und der Roboter kopiert die Bewegung. Es ist ein interaktives System mit einem Industrieroboter als Slave (Sklave). Damit lassen sich auch einzelne Gußstücke rationell entgraten, weil eine werkstückbezogene Programmierung nicht erforderlich ist. Außerdem kann man mit hohen Schleifleistungen arbeiten, die einem manuellen Entgrater aus Sicherheitsgründen gar nicht zuzumuten wären. Für interaktives Gußputzen werden auch Industriemanipulatoren verwendet, was bereits im Abschitt 2.3.3 erläutert wurde.

3.2.1.6 Prüfen, Messen, Kontrollieren

Die steigende Bedeutung der Qualität hat auch dem Roboter neue Einsatzgebiete eröffnet, verspricht man sich doch auch eine Objektivierung gängiger Meß- und Prüfverfahren, wenn der Mensch nicht mehr unmittelbar daran beteiligt ist. Man kann zwei Einsatzvarianten unterscheiden:

- Der Roboter führt ein Meßzeug und wird dabei selbst zur Meßmaschine. Das kann ein Taster sein, eine Kamera zur Oberflächenprüfung u.a. Die Position des Industrieroboters und sein Positionierfehler gehen in das Meßergebnis ein (**Bild 3.11a**).
- Der Roboter führt das Meßobjekt (Werkstück) und bringt es zum Meßsystem. Die Position des Roboters und sein Positionierfehler gehen nicht mit in das Meßergebnis ein (**Bild 3.11b**).

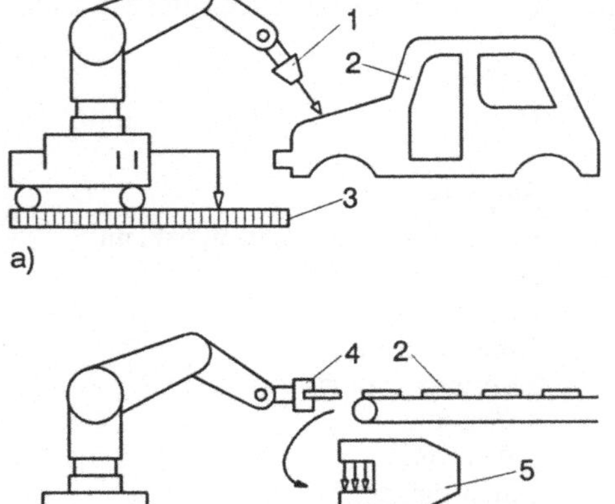

Bild 3.11
Messen mit dem Industrieroboter
a) Roboter handhabt einen Meßtaster (Nulltaster),
b) Roboter handhabt das Meßobjekt (Werkstück),
1 Meßtaster,
2 Meßobjekt,
3 Wegmeßsystem,
4 Greifer,
5 Meßvorrichtung

Es gibt auch Meßmittel, die in sich Bezugspunkt und Meßkoordinaten aufweisen, z.B. ein Lasermeßsystem zur Durchmesserbestimmung von Wellen. Dann ist die Roboterposition für das Meßergebnis ebenfalls unwichtig. Andere Anwendungen sind Rauheitsmessung an Oberflächen, die Inspektion von Bildröhren (**Bild 3.12**), das Prüfen von Klebstoffaufträgen auf Vollständigkeit, das Vermessen von Autokarosserien an vorgegebenen Stellen, um Formfehler und Verzug aufzuspüren u.a.

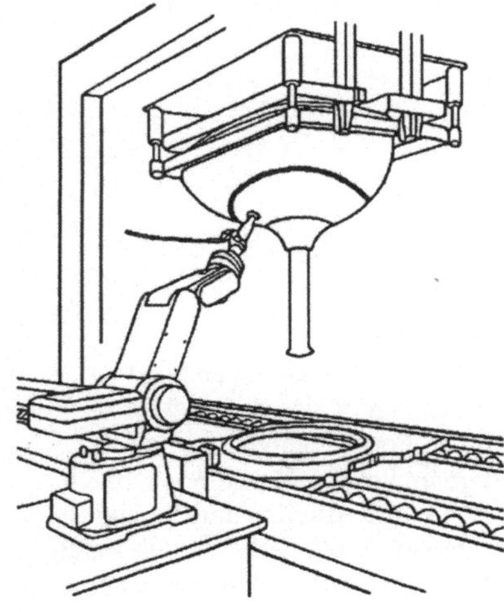

Bild 3.12
Prüfen einer Bildröhre mit Hilfe eines Roboters. Dazu hebt eine Hilfsvorrichtung die Bildröhre vom Werkstückträger ab.

Für Fertigungsstraßen kann es sich als günstig erweisen, wenn eine Prüfzelle Bestandteil der Linie wird. In dieser Zelle laufen die Prüfoperationen roboter- und rechnergestützt automatisch ab. Man hat auch schon flexible Prüfzellen entwickelt, die mit vielen unterschiedlichen Prüfstücken zurechtkommen. Dazu muß zunächst das Objekt erkannt werden, dann werden Position und Orientierung innerhalb des Prüfbereichs ermittelt und schließlich der Prüfzyklus automatisch ausgelöst.

3.2.2 Werkstückhandhabung

Ehe man an eine Werkzeughandhabung mit dem Roboter denken konnte, war entwicklungsgeschichtlich das Handhaben von Werkstücken präsent. Zu den ersten Anwendungsfällen gehörte das Entnehmen von Gußteilen aus einer Spritzdruckguß-Maschine.

In der Handhabungstechnik wird der Begriff „Werkstück" ziemlich weit gefaßt. Handhaben bezieht sich auf geometrisch bestimmte feste oder flexible Körper, für die man ein körpereigenes Koordinatensystem definieren kann. Beispiele sind: Ein Maschinenteil, ein Glasballon, ein Betonstein, ein Gummiformteil und ein Gasrohr. Lagern und Fördern bezieht sich dagegen auch auf formlose Stoffe sowie auf Körper unbekannter Geometrie. Da man in letzter Zeit gelernt hat auch Formen automatisch zu ermitteln, lassen sich natürlich an solchen Gegenständen ebenfalls Handhabungsoperationen ausführen, z.B. das Handhaben von Schweinehälften oder Backwaren. Ihre Grobform ist vorhersagbar.

3.2.2.1 Beschicken, Entladen

Beschicken bedeutet Ortsveränderung von Gegenständen, also gespeicherte Rohlinge erfassen, zur Spannstelle bringen sowie fertiges Objekt greifen und im Magazin ablegen. Es werden Werkzeugmaschinen und Pressen aller Art mit dem Industrieroboter beschickt. Ein typisches Beispiel ist die Portalanlage in **Bild 3.13**. Der Roboter bewegt sich im arbeitsfreien Raum über der Maschine. Paletten und Magazine lassen sich ohne Platznot anordnen, weil ein großer kartesischer Arbeitsraum zur Verfügung steht.

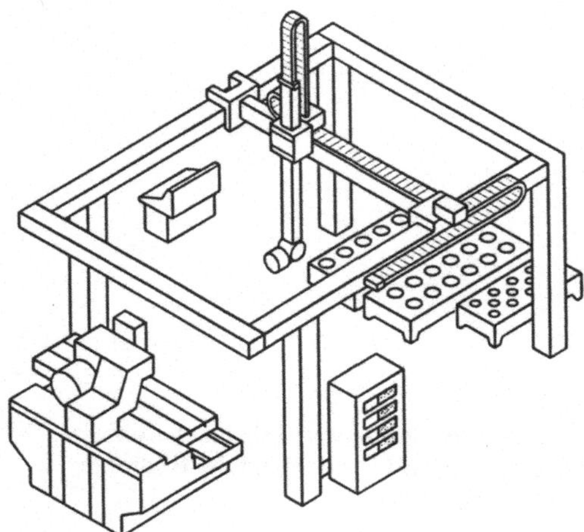

Bild 3.13
Werkstückhandhabung an einer Werkzeugmaschine mit dem Portalroboter. Portallösungen engen den Freiraum vor der Maschine nicht ein, lassen große Arbeitsräume zu und bieten viel Bereitstellfläche für Paletten, Kästen, Prüfvorrichtungen und Förderer.

Aus Gründen der Wirtschaftlichkeit ist es vorteilhafter, wenn der teure Roboter mehrere Maschinen bedient. Es ist eine alte Erfahrung aus dem Maschinenbau, daß die Mehrmaschinenbedienung eine sehr rationelle Organisationsform ist. Oft werden zur Zeiteinsparung Doppelgreifer eingesetzt. Damit kann der Roboter bereits ein neues Rohteil mitbringen, wenn er ein Fertigteil abholt. Die Greiferpositionen werden dabei an der Spannstelle gewechselt. Dadurch werden Roboterleerfahrten eingespart.

Aus Sicherheitsgründen wird der gesamte Arbeitsraum des Roboters durch vorwiegend feste Abschrankungen abgegrenzt. Das erschwert natürlich dem Bediener den Zutritt zur Maschine und die Beobachtung des Prozesses. Eine intelligente Überwachung wäre da viel besser. Der Mensch würde sich vorsichtig in angemessener Entfernung vom Roboter im Arbeitsraum aufhalten. Eine Notabschaltung käme dann zustande, wenn das Überwachungssystem eine Unterschreitung des Mindestabstandes zum Roboter feststellt, vergleichbar mit der „Fluchtdistanz“ im Tierreich.

Für die Maschinenbeschickung muß es nicht unbedingt ein Kreuzportalroboter sein, wie ihn Bild 3.13 gezeigt. Dafür genügen oft schon Linienportale. Damit man einen brauchbaren Arbeitsraum bekommt, müssen dann die Arme entsprechend gestaltet werden. In **Bild 3.14** werden dafür einige Beispiele gezeigt. Die zu beschickenden Maschinen und die Magazinplätze müssen dann in Linie angeordnet sein. Linienportale ermöglichen auf recht einfache Weise auch die Anbindung an geradlinige Transportsysteme bzw. an Routen von fahrerlosen Flurförderzeugen.

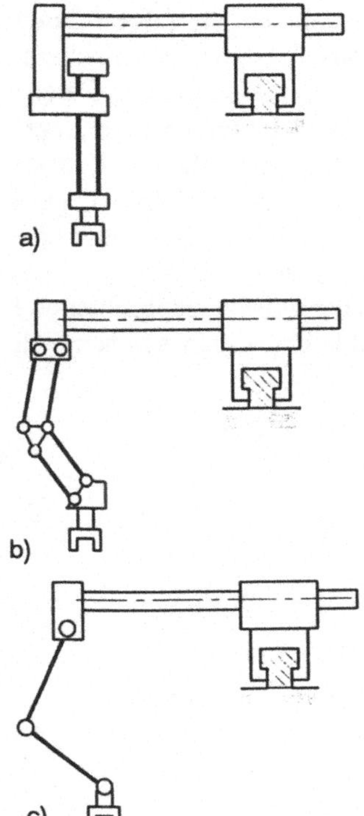

Bild 3.14
Verschiedene Armgestaltungen bei Linienportalrobotern mit einem Auslegerarm
a) senkrechte Hubachse,
b) Geradführungsgetriebe als Vertikalachse,
c) angesetzter Drehgelenkarm

Bei der Auswahl von Robotern ist zu beachten, von welcher Seite aus die Maschinen überhaupt beschickt werden können. Aus Analysen weiß man: 100% sind von vorn beschickbar, 70% von oben, 42% von rechts, 16% von hinten und 16% nur von vorn. Für die Beschickung von der Frontseite aus werden auch Ständerroboter vor der Werkzeugmaschine aufgestellt. Diese Variante schränkt die Zugänglichkeit der Maschine für den Bediener und für das Wartungspersonal allerdings stark ein und erfordert auch relativ hohe Investitionsmittel.

Bei sehr großen Zykluszeiten, wie sie mitunter bei der Zerspanung vorkommen, lohnt sich ein stationärer Roboter zur Beschickung nur einer einzigen Maschine nicht. Deshalb gibt es verschiedene Konzepte, den Roboter auf ein Fahrwerk zu setzen, auf dem er dann zu einer Maschine fährt, wenn ihn diese ruft. Der Roboter dockt dann an bzw. ermittelt seine genaue Position vor Ort und beginnt zu arbeiten. Fertigteile nimmt er gleich mit, auch Rohteile werden mitgebracht.

3.2.2.2 Kommissionieren, Lagern

Kommissionieren kann an den unterschiedlichsten Stellen eines Unternehmens erforderlich werden. Es bezeichnet das Zusammenstellen von bestimmten Teilmengen oder Artikeln aus einem Vorrat oder Sortiment auf Grund von Bedarfsinformationen oder Aufträgen. So erfordert die Realisierung eines Montageauftrages viele Zutaten, die nach Menge und Sorte zum Beginnzeitpunkt der Montage vor Ort verfügbar sein müssen. Für den Handel ist die Zusammenstellung von Sortimenten beim Großhändler sogar typisch.

Inzwischen gibt es dafür speziell entwickelte Kommissionierroboter. Sie fahren durch die Gassen eines Hochregallagers und entnehmen Objekte aus den einzelnen Fächern. Das können im Maschinenbaubetrieb z.B. Getriebemotoren sein, die dann samt Palette abgeholt werden. Bei kleinen Objekten, z.B. Packungen in einem Pharmazielager, werden einzelne Pakete u.a. auch mit dem Saugergreifer einzeln herausgeholt. Der Roboter führt dann einen Warenkorb mit, in den er alles ablegt. Ähnlich geht es auch in Lagern zu, wenn Roboter auf Schienen oder am Portal Stapeleinheiten mit einfachen oder versetzten Stapelmustern bilden. Da ist inzwischen sogar die sogenannte chaotische Stapelung möglich. Über Kameras wird das Stapeln unterschiedlicher Objekte beobachtet und vom Rechner optimiert. Das Ziel ist eine maximale Stapeldichte. Einen solchen Fall kann man in **Bild 3.15** sehen.

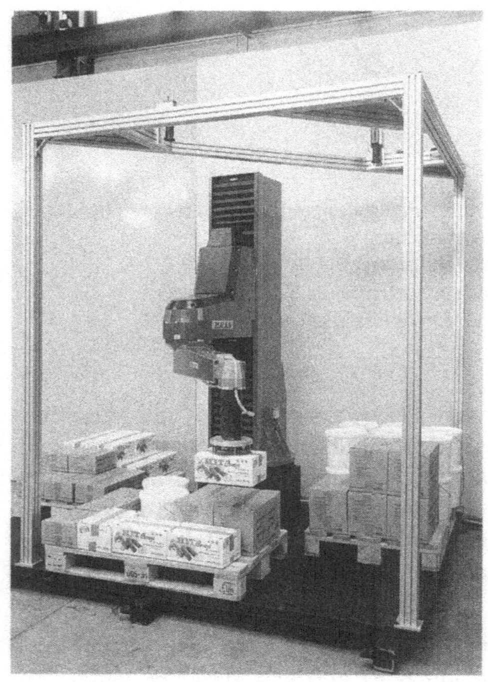

Bild 3.15
Ein Roboter bildet Stapeleinheiten aus unterschiedlichen Packstücken, wobei die Anordnung automatisch per Rechnerprogramm optimiert wird (Reis).

3.2.3 Spezielle Anwendungen

Es gibt bereits viele Spezialanwendungen von Robotern, die die Universalität des Grundprinzips dieser Bewegungsmaschine belegen. Da sind z.B. besonders große Roboter zu nennen, die bei der Zerlegung von Atomkraftwerken mitwirken, Roboter für die Erkundung im Weltraum, in verseuchten Gebieten und im Tiefsee-Einsatz. Auch anstrengende und gesundheitsschädliche Handarbeit ist immer wieder Ausgangspunkt für spezielle robotisierte Lösungen, z.B. das Nieten an übergroßen Objekten. In **Bild 3.16** wird gezeigt, wie mit mehreren Robotern das Nieten von Flugzeugrümpfen ausgeführt werden kann.

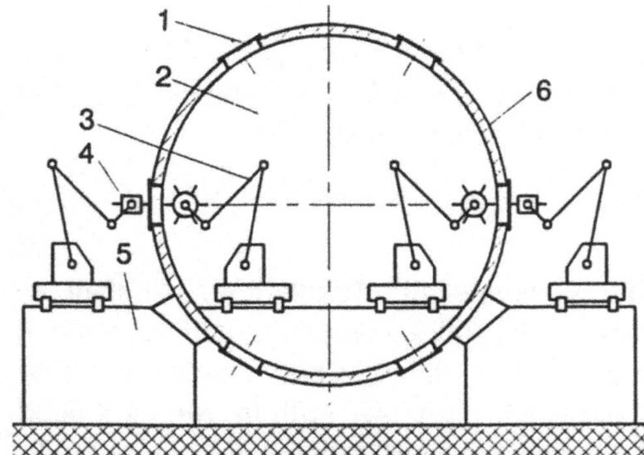

Bild 3.16
Anordnungsschema von Robotern zum Nieten von Flugzeugkörpern
1 Stringer,
2 Spant, Flugzeuggerippe,
3 Roboter zum Gegenhalten beim Nieten,
4 Nietroboter,
5 Systemunterbau,
6 Flugzeugrumpf

Mit dem Nietroboter muß innerhalb des Rumpfes ein zweiter Roboter synchron mitfahren, der gegenhält, um die Nietkraft abzufangen und der den Niet einsetzt. Es werden sogenannte Stringer aufgenietet. Das sind längs des Rumpfes angeordnete Bauteile, die der Versteifung dienen. Blind mitfahrende Roboter-Einheiten werden z.B. auch gebraucht, wenn man 20 m lange Waggondächer mit dem Roboter punktschweißt. Jeder Roboter führt dann sozusagen eine halbe Punktschweißzange.

Robotergestütztes Schweißen von Schiffssektionen gehört ebenfalls zum Bereich der Sonderanwendungen. Ein Containerschiff mittlerer Größe erfordert etwa 70 000 Stunden Schweißzeit. Das Schweißsystem kann z.B. aus einem sechsachsigen Gelenkroboter mit zwei translatorischen Zusatzachsen bestehen. Es wird vom Hallenkran über der Schiffsbox positioniert und abgesetzt. Für das Bahnschweißen mit dem Roboter ist es hier nicht ausreichend, die Schweißparameter während der Bewegung einzustellen. Die Schweißstrategie muß sofort die gewünschte Nahtqualität garantieren. Es geht aber nicht nur um die Bahnplanung. Auch Brennerstellungen, Pendelparameter, Brennerreinigung u.a. sind zu programmieren.

In der wissenschaftlichen Erkundung geht es gelegentlich auch um Teleoperatoren, die laufen können. So hat die NASA mit DANTE-II einen achtbeinigen Apparat entwickelt, den man für die unbemannte Erforschung von Planeten einsetzen will. Als Testgelände hat man ihn im Krater des Mont Spurr eingesetzt. Das ist ein tätiger Vulkan 80 Meilen westlich von Anchorage (Alaska). Der 3 m lange, 2,5 m breite und 700 kg schwere Teleoperator hat Analyse- und Inspektionsarbeiten (Videobilder) vor Ort ausgeführt, z.B. die Untersuchung des Schwefelausstoßes. Er überwindet mit Steinbrocken übersäte Steigungen bis 30° Schräge und wurde über Satellit geführt.

3.3 Roboter außerhalb der Industrie

Zwar ist uns die Bezeichnung „Industrieroboter“ schon recht geläufig geworden, doch das ist nur ein Teilbereich der Robotik, wenn auch ein sehr wichtiger. Die Zeichen der Zeit veranlassen uns, heute weiträumiger zu denken. Es gibt also auch Anwendungen außerhalb der Industrie. Sie sind allerdings aus technischen Gründen nur allmählich erschließbar. Dazu zählen Gesundheitswesen, Handel, Fischereiwirtschaft, Land- und Forstwirtschaft, Bauwesen, Aus- und Weiterbildung, Kultur- und Freizeitbereich, Hauswirtschaft und der große Sektor der Dienstleistungen. Ihrer Aufgabe geschuldet ist dann auch ihr Aussehen etwas anders. Wichtige Komponenten und ihre prinzipielle Funktion unterscheiden sich aber nur wenig von denen der Industrieroboter.

3.3.1 Bauwesen

Die Bemühungen gehen dahin, mehrstöckige Gebäude mit Robotern im Rohbau zu errichten. Dazu muß man die Konstruktion des Gebäudes verändern und es müssen Spezialroboter eingesetzt werden, die mit großen Betonteilen, ganzen Wänden und Trägern umgehen können. In Japan werden solche Hochbauroboter erprobt. Sie sind wohl eher als automatisiertes Hochbausystem mit Elementen der Robotertechnik zu bezeichnen. Ihr Einsatz setzt eine Serienfertigung von Hochhäusern voraus. In Deutschland werden Hochhäuser jedoch meistens als Unikate geplant und gebaut. Es ist aber wohl nur eine Frage der Zeit, bis man auch „flexibles Bauen" robotertechnisch und wirtschaftlich beherrscht. Die japanische Hochhaus-Baumaschine „SMART" baut z.B. in 5 Tagen ein Stockwerk, dann hangelt sie sich an einer selbsterrichteten Struktur hydraulisch nach oben und baut die nächste Etage. Es gibt auch schon erste Roboter für das Auftragen von Putzschichten, das Legen von Estrich und das Stemmen von z.B. Mauerdurchbrüchen. Einem allgemeinen Einsatz stehen momentan noch einige Probleme entgegen, z.B. die vielen Hindernisse auf einer Baustelle, die Versorgung mit Energie, die Maßtoleranzen, die Navigation und die Schaffung geeigneter Fortbewegungsmittel. In Benutzung befinden sich aber roboterähnliche Maschinen für den Tunnelbau (**Bild 3.17**), für die Bearbeitung von Gebäudefassaden, den Straßenbau (Road-Robot) und z.B. für das Schleifen von Bodenflächen. 1990 befanden sich nach Angaben der „Japan Robot Association" bereits 436 Bauroboter im Einsatz.

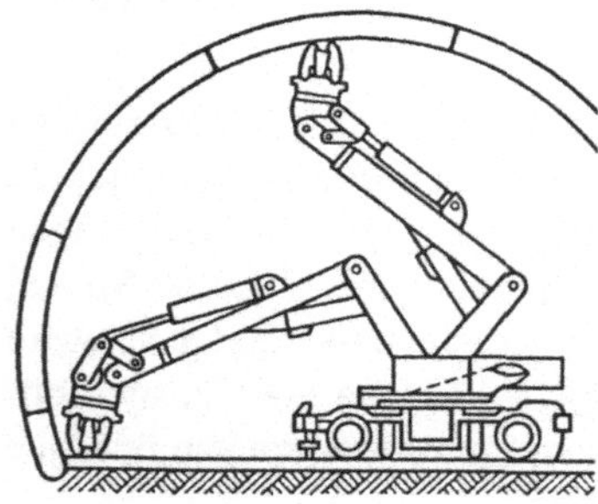

Bild 3.17
Roboter beim Einsatz im Tunnelausbau

Ein immenser Markt besteht für Kanalroboter. Das sind ferngesteuerte Kleinfahrzeuge, die eine Videokamera tragen und Bilder aus der Tiefe nicht begehbarer Abwasserkanäle liefern (**Bild 3.18**).

Die Bezeichnung irritiert etwas, denn es sind Teleoperatoren. Entscheidend ist aber letztlich nicht die Benennung, sondern ihre Nützlichkeit. Entdeckt das schwenkbare Objektiv Risse in den Beton- und Steinzeugrohren, dann wird das am Bedienstand über der Erde dokumentiert, d.h. Lage, Bild und Schadensbeschreibung werden gemeinsam abgespeichert. Bundesweit sollen 15 bis 20% des rund 285 000 km langen öffentlichen Kanalnetzes undicht sein. Außerdem gibt es noch 600 000 km private Abwasserleitungen. Es geht aber nicht nur um die Inspektion von Schäden. Es gibt auch Kanalroboter, die undichte Rohrmuffen, Risse, Scherbenbrüche, Löcher, angefressene Rohrsohlen und schlecht verlegte Einläufe sanieren können. An undichten Stellen preßt ein solcher Roboter z.B. Epoxidharz-Kleber aus. Auch eingewachsene Wurzeln oder verfestigte Ablagerungen können über mitgeführte Werkzeuge entfernt werden. Der Prototyp eines „Sanierroboters" kann sich z.B. in gemauerten Abwasserkanälen bewegen, Schadstellen ausfräsen, neu verfugen und den Baustoff verpressen.

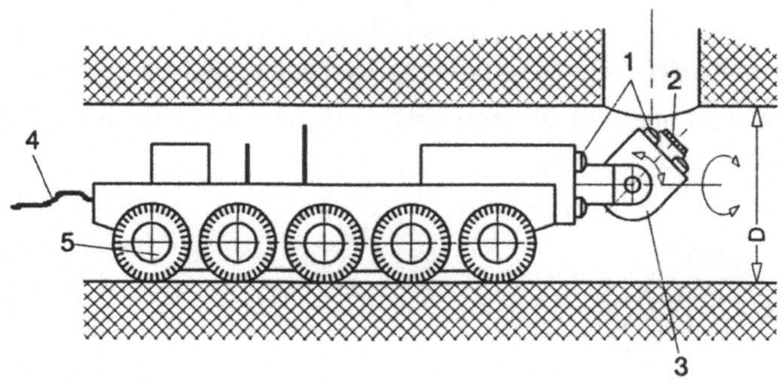

Bild 3.18 „Kanalroboter" (Teleoperator) mit Inspektionskamera
1 Beleuchtung, 2 Kamera, 3 ferngesteuerter Kamerakopf, 4 Kamera- und Versorgungskabel, z.B. 150 m, 5 10-Rad-Fahrwerk, D ab 100 mm Durchmesser

3.3.2 Landwirtschaft

Ende des 18. Jahrhunderts begann in der Landwirtschaft die Ablösung der Muskelkraft durch Maschinen. Das bezeichnet man als Mechanisierung. Dampfdreschmaschinen kamen auf und Lokomobile (Dampfzugmaschinen) wurden eingesetzt. 1921 stellte Lanz den ersten mit Rohöl betriebenen Schlepper der Welt vor, der wegen seines Aussehens den Namen „Bulldog" erhielt.

Heute geht es in der Landwirtschaft um das schrittweise Automatisieren. Roboter werden für das Melken von Kühen eingesetzt, für das Pflanzen und Ernten gibt es Versuchsroboter. Aussicht auf Erfolg haben nur solche Systeme, die eine bestimmte Eigenintelligenz aufweisen. Es sind 3 Komponenten wichtig:

- Ein Sensorsystem, das wichtige Informationen physikalischer und biologischer Natur gewinnt.
- Ein Steuersystem mit verteilter Intelligenz, welches die Prozeßinformation in Anweisungen für das Manipulationssystem umsetzt und
- Arbeitsorgane, die in der Lage sind, landwirtschaftliche Produkte ohne Beschädigung zu handhaben.

Die Roboter müssen außerdem mobil sein und in einer oft unstrukturierten Umgebung (in der freien Natur) kollisionsfrei geführt werden. Das sind ganz erhebliche technische

Anforderungen. Beim Ernten von Früchten kommt es nicht nur darauf an, die Frucht zu lokalisieren und den Robotergreifer zu plazieren, sondern über Sensoren auch wichtige Parameter zu erfassen, wie Größe, Festigkeit, Farbe u.a. Bereits während der Ernte muß der Roboter die Funktionen eines Sortierers erfüllen.

Ein französischer Apfelpflück-Roboter ist mit einem Röhrenarm ausgestattet, der per Halbleiterkamera ins Ziel geführt wurde. Er brachte es im Labor im Durchschnitt auf 15 Früchte je Minute, wobei nur 5% der angezielten Früchte beim Greifen verfehlt wurden.

Auch für das Orangenpflücken gibt es Funktionsmuster. Der Ernteroboter „ROBO" leerte einen Orangenbaum in 2 min, wobei 30 elektronisch gesteuerte Pflückarme mit Kamera und ausfahrbarer Schneidvorrichtung gleichzeitig aktiv wurden.

Vor dem Ernten steht aber das Pflanzen und dazu zeigt das **Bild 3.19** ein robotisiertes System im Schema.

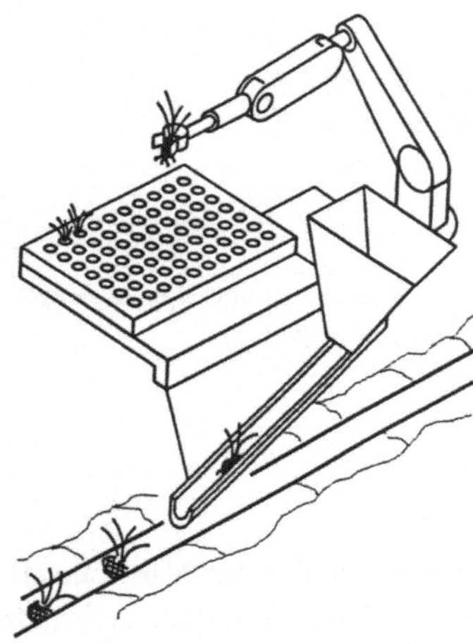

Bild 3.19
Roboter setzt Pflanzen (Prinzip als Teilansicht)

Eine totale Feldbearbeitung schwebt den Japanern vor, die mit einem brückenkranähnlichen Aufbau über die landwirtschaftliche Nutzfläche fahren wollen. Das System erledigt von der Feldbestellung bis zur Ernte alle Tätigkeiten allein. Experimente mit Reiskulturen erbrachten Erträge, die um 19% besser waren als der Mittelwert des Landes.

Man hat aber auch schon schreitende Maschinen für die Landwirtschaft erprobt. Für die Baumwollernte genügt da z.B. eine Fortbewegungsgeschwindigkeit von 3 km/h, wie Tests bewiesen haben. Dabei wird weder der Boden noch die Baumwollpflanzung beschädigt.

Beim Melkroboter ist einiges anders. Um die Melkbecher sensorgestützt automatisch anlegen zu können, braucht man zur Groborientierung Daten. Deshalb ist für jede Kuh ein individuelles Datenmodell erstellt worden. Jede Kuh trägt einen Transponder, über den sie (als Nummer) erkannt wird. Ehe es ans Melken geht, muß das Euter automatisch gesäubert werden. Vor jedem Melken wird die Kuh vermessen, damit geometrische Veränderungen ständig erfaßt und in den Ansetzvorgang der Melkbecher einbezogen werden können. Die Zitzenbecher werden einzeln nacheinander vom Effektor des Roboters angesetzt. Das dauert etwa 80 Sekunden. Dann wird eine Vorgemelkprobe gezogen, um automatisch die Milchqualität festzustellen. Nun folgt das Ausmelken des Euters. Das Versiegen des Milchflusses wird automatisch erkannt. Die Abnahme der Becher geschieht wieder einzeln nacheinander.

Trotz mancher Schwierigkeiten, die technischer Art (Aktionen in stark unstrukturierter Umgebung) und wirtschaftlicher Natur sind (vieles ist nicht über das ganze Jahr nutzbar), wird man in den nächsten 30 Jahren auch bei landwirtschaftlich eingesetzten Robotern zur praktischen Wirksamkeit kommen. Sie werden die Laborwelt verlassen. Es gibt keinen prinzipiellen Grund, der das ausschließt.

3.3.3 Medizin

Klinik- und Medizinalroboter sind aktuell geworden. Es geht nicht nur um die halbautomatische Versorgung mit Krankenhausbedarf und um Rehabilitationsübungen, sondern auch um den Einsatz in der Chirurgie. Bei der Implantation von künstlichen Hüftgelenken waren die Chirurgen bisher ausschließlich auf ihre Fingerfertigkeit und ein sicheres Augenmaß angewiesen, insbesondere bei der Vorbereitung der Markhöhle im Oberschenkel, die den stabilisierenden Schaft der Prothese aufnimmt. Ein Roboter macht diese Arbeit bedeutend präziser, was die Nutzungsdauer des künstlichen Gelenks verlängert. Ein solcher Roboter (ROBODOC) wurde 1991 an Hunden erprobt und 1992 erstmals bei der Implantation eines Hüftgelenks am Menschen eingesetzt. Der Bedarf liegt jedenfalls vor. Für die Schweiz und Deutschland rechnet man mit 120000 Hüftgelenkoperationen pro Jahr.

Hohe Positioniergenauigkeit wird auch bei neurochirurgischen Eingriffen gebraucht. Im Computertomographen werden vorher Aufnahmen vom Operationsgebiet angefertigt. Sie dienen als „Landkarte“ zur Roboterführung während der Operation. Dabei darf es keine Verlagerungen zwischen Patient und fixierendem Ring geben (**Bild 3.20**). Das ist ein allgemeines Problem, d.h. die Kalibrierung muß erhalten bleiben.

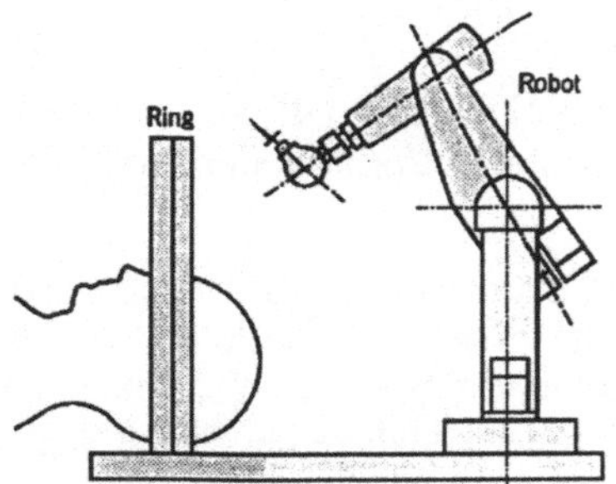

Bild 3.20
Anordnung für einen neurochirurgischen Eingriff mit einem genauigkeits- und zuverlässigkeitsgesteigerten Drehgelenkroboter

Man hat auch schon, z.B. im Hüftbereich, vorher Metallstifte implantiert, die lediglich als „Landmarken“ zur Navigation des Roboters dienen und später wieder entfernt werden.

Zur Beseitigung von Fehlstellungen des Bewegungsapparates im Bereich des Oberschenkelknochens werden Eingriffe vorgenommen, bei denen ein kleines Knochenstück herausgeschnitten wird. Dadurch ergibt sich eine biomechanisch günstigere Belastung des betroffenen Gelenks. Das entlastet z.B. durch Arthrose geschädigte Gelenke. Auch hier kommt es auf ganz genaue Schnitte an, die ein Roboter am besten ausführen könnte. Das wird in einer Computersimulation in **Bild 3.21** gezeigt.

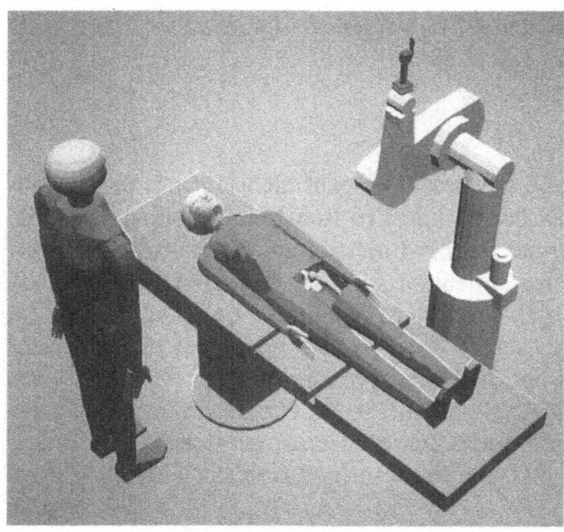

Bild 3.21
Simulation einer Operation am Hüftgelenk unter Einbeziehung eines Gelenkroboters (iwb München)

3.3.4 Weltraum

Die Erkundung anderer Planeten und die Erschließung des erdnahen Raums hat zu vielen Projekten geführt, wie man dazu Roboter und ferngesteuerte Manipulatoren mit einbeziehen kann. Einige Projekte sind vorerst visionär, andere hat man verwirklicht, wie z.B. den 5achsigen Manipulator an den Landefähren Viking 1 und 2 (Marslandung 20.7. und 3.9.1976). Die Reichweite des Armes (**Bild 3.22**) betrug 3,45 m. Er hatte die Aufgabe, im Marsboden zu graben und Proben aufzunehmen. Vorprogrammierte Tätigkeiten wurden automatisch ausgeführt.

Ein anderes Beispiel ist der CANADA-Arm, ein Manipulatorarm von 15,2 m Länge, der von der kanadischen Firma Spar Aerospace in Toronto hergestellt wurde und den die NASA im Space Shuttle eingesetzt hat. Er hat 6 Bewegungsachsen und kann Satelliten in den Weltraum aussetzen oder defekte greifen und in der Ladeluke des Space Shuttle absetzen. Die Masse des Armes beträgt 454 kg. Man kann ihn auf der Erde nicht frei ausfahren, weil sonst die Gelenke brechen würden. Erst im schwerelosen Raum wird er aus der Verankerung gelöst und in Stellung gebracht. Eines Tages sollen Roboter und Manipulatoren Gitterstrukturen für Weltraumstationen zusammenbauen. Dann stellt man sich Armlängen von 100 m vor, dazu hochsensorisierte Greifer und neuartige Roboter-Fernsteuerelemente.

Bild 3.22
Der Manipulatorarm an der Viking-Sonde schürfte Bodenproben auf. Es wurden bei deren Untersuchung aber vorerst keine Hinweise auf organisches Material gefunden.

Im Weltraumlabor Spacelab agierte während der D2-Mission ein kleiner sechsachsiger Drehgelenkroboter als Experimentator. Es waren 3 Betriebsarten vorgesehen:

- Der automatische Ablauf mit Vorprogrammierung und Umprogrammierung im Bodenkontrollzentrum,
- die Teleoperation von Bord und Boden sowie
- ferngesteuertes Einlernen von Vorgängen, die dann automatisch wiederholbar sind.

Ein Experiment bestand darin, einen frei in der Schwerelosigkeit taumelnden Würfel mit dem Roboter zu greifen. Dazu wurde mit einer Stereo-Bilderkennung gearbeitet. Das Experiment ist gelungen.

Im Weltraum wird die „Telerobotik" das favorisierte Konzept für die Anwendung von Handhabungsmaschinen sein.

3.4 Roboter als Dienstleister

Roboter im Dienstleistungsbereich werden landläufig als Serviceroboter bezeichnet. Der Begriff „Service" steht für Dienstleistung und Hilfe, die eine Maschine dem Menschen bietet. Roboter steht für Automatisierung und Autarkie (Unabhängigkeit). Es geht also um freiprogrammierbare, möglichst intelligente Maschinen mit manipulatorischen (Arm) und bzw. oder lokomotorischen (Fortbewegung) Fähigkeiten, die als Dienstleister teil- oder vollautomatisch Serviceaufgaben erledigen. Die Idee ist durchaus nicht neu. Schon 1912 soll im französischen Hôpital Bretonneau eine Mademoiselle Claire als künstliche Stationsschwester mit einem Trolly umhergefahren sein, um medizinische Instrumente auszugeben. Das war aus technischer Sicht ein mehr als bescheidener Versuch. Heute sind im Rahmen der Robotik technische Grundlagen geschaffen worden, die Serviceroboter möglich machen. Auch wenn einiges noch im Laborstadium verharrt, so ist doch die Zeit für dienstleistende Roboter gekommen. Längerfristig werden die Serviceroboter die Population der Industrieroboter zahlenmäßig übertreffen. Die wirtschaftliche Bedeutung des Dienstleistungswesens wird überproportional steigen. Fast jeder wird dann auch direkt mit Robotern zu tun haben.

3.4.1 Anforderungen und Einsatzfelder

Die Zuwendung der Automatisierungsplaner zum Dienstleistungssektor ist keine Modeerscheinung. Das Interesse beruht auf der Tatsache, das dort immer mehr Menschen beschäftigt werden. Aus der Land- und Forstwirtschaft freigesetzte Arbeitskräfte wechseln in den Sekundär- und Tertiärbereich (**Bild 3.23**). Das gerade jetzt Bewegung in solche Rationalisierungsvorhaben kommt, liegt am technischen Fortschritt. Hier sind vor allem zu nennen:

- Schnelle Umwelterkennung mit Sensoren verschiedener Art und hohe Auswertegeschwindigkeiten,
- funktionsfähige autonome Plattformen (Fahrzeuge) für den aufgabenprogrammierten Ortswechsel,
- neue Software-Tools bei Nutzung neuronaler Netze und Fuzzy-Logik sowie
- Fortschritte in der Antriebs- und Werkstofftechnik.

Das zukünftige Marktpotential wird in solchen Bereichen liegen wie Medizin und Rehabilitation, Strahlen- und Katastrophenschutz, Alten- und Behindertenversorgung, Umweltschutz und Recycling, Reinigung, Wachdienste, Botengänge in Gebäuden sowie Erkundung, Inspektion und Sanierung von Rohrleitungssystemen, Hantieren in kontaminierten (mit Schadstoffen belasteten) Zonen und letztlich auch in der Raumfahrt.

Besondere Probleme sind noch das längerfristige Handeln in einer unstrukturierten Umgebung (Outdoor-Bereich), die Entwicklung neuer Sicherheitsphilosophien, ein hoher Grad an Selbständigkeit, neue Mensch-Maschine-Schnittstellen und die Schaffung intelligenter Handlungsalgorithmen.

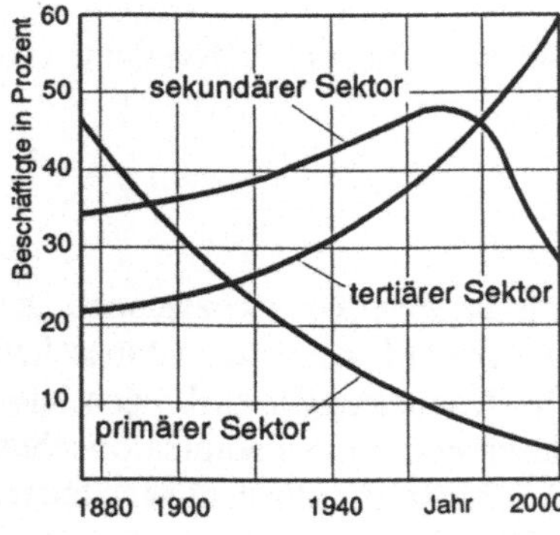

Bild 3.23
So hat sich das Beschäftigtenprofil in den letzten 100 Jahren entwickelt.
Primärer Sektor = Land-, Forstwirtschaft, Fischerei u.a.;
sekundärer Sektor = Industrie, Bauwesen, Energieversorgung u.a.;
tertiärer Sektor = Handel, Verkehr, Dienstleistung, Medien, Kunst, Staat, Haushalte u.a.

3.4.2 Reinigung

Wer schon einmal beobachtet hat, wie auf einem Bahnhof mit einer Reinigungsmaschine bei aufsitzendem Bediener der Bahnsteig gesäubert wird, der kann sich vorstellen, daß soetwas auch automatisch ablaufen könnte. Bei den Dienstleistungen nimmt jedwede Art von Reinigung eine Spitzenposition ein. Allein in Großbritannien beschäftigen die Reinigungsfirmen 700 000 Arbeitskräfte. In Feldversuchen haben Reinigungsroboter ihre Funktion bereits nachgewiesen, z.B. bei Belastungsproben auf dem Terminal

„Waterloo International" in London oder im Pariser Louvre. Die autonom navigierenden Reinigungsfahrzeuge können vorkehren, naßschruppen und trockensaugen. Sie merken sich eine vorgeführte Reinigungstour, orientieren sich mit Ultraschallortung und messen den zurückgelegten Weg über Inkrementalgeber in freilaufenden Odometrierädern (Odometrie = Wegmessung durch Aufrechnung von Raddrehwinkeln und Drehsinn). Reinigungsroboter haben einen guten Entwicklungsstand erreicht und werden bald ihr Marktsegment erobern.

Eine Spezialität ist in dieser Richtung ein Großroboter zur Reinigung der Außenhaut von Flugzeugen. Der „Skywash" wurde in Deutschland entwickelt. Er besitzt ein bis auf 26 m hydraulisch ausfahrbares Armpaket. Der Arm besteht aus insgesamt 11 programmierbaren Achsen. Am Ende ist eine große Waschwalze angebaut, die per Programm mit einer Bahngenauigkeit von etwa 10 mm entlang der Außenhaut des Flugzeugs geführt wird. Beim Putzen wird der Anpreßdruck automatisch geregelt. Deformationen und Durchbiegungen des langen Faltarms sowie Stützbeinverlagerungen am Basisfahrzeug (ein LKW) werden automatisch von der Bahnsteuerung verrechnet. Der Roboter kann bis zu 90% der Außenhaut eines Zivilflugzeuges säubern. Solche Maschinen lassen sich natürlich auch an anderen Großobjekten verwenden.

Weitere Anwendungen, für die Projekte oder Prototypen vorliegen, sind die Reinigung von senkrechten Flächen mit Robotern, die sich mit Saugfüßen fortbewegen, z.B. für das Reinigen von Hochhausfassaden oder Schiffsrümpfen (Entfernung von Muschelablagerungen). Man denkt auch an die Reinigung von Straßengullis. Ein Fahrzeug fährt die Gulliposition an und dann folgt eine Sequenz automatischer Aktionen: Deckelerkennung, Deckel abheben, Reinigen mit Heißdampfstrahl und Deckel wieder aufsetzen.

3.4.3 Sicherheit

Sehr bekannt und ausgereift sind in diesem Bereich die sogenannten „Polizeiroboter". Genaugenommen sind es Teleoperatoren, die seit einigen Jahren von vielen Polizeiverwaltungen zur ferngesteuerten Beobachtung, Manipulation desolater Munition und zur Erkundung gefährlicher Räume eingesetzt werden. Das **Bild 3.24** zeigt ein Ausführungsbeispiel. Auf einem Rad- oder Raupenfahrwerk ist ein Manipulatorarm aufgebaut. Der Greifraum reicht bei diesem Gerät von –320 mm bis +2400 mm (Fußboden = Null-Niveau). Am Arm sind mehrere Kameras angebracht, über die das Operationsfeld beobachtet werden kann. Anstelle des Greifers können auch Röntgengeräte, Waffen, Spezialkameras oder -werkzeuge angebracht werden. Eine Waffe als Effektor, z.B. eine Schrotflinte, benutzt man, um Verschlüsse aufzuschießen oder Sprengladungen zur Explosion zu bringen. Auch der Anbau von Beleuchtungseinrichtungen ist möglich.

In dieser Branche gibt es ähnlich aussehende Einrichtungen auch als Miniaturausgabe. Damit lassen sich Kraftfahrzeuge von unten absuchen oder Flugzeugkabinen ferngesteuert inspizieren.

Für Wachaufgaben denkt man an autonome mobile Roboter, die sich auf vorgegebenen Routen bewegen und dabei mit bordeigener Sensorik horchen, Wärmequellen orten, mit chemischen Sensoren (ammoniakempfindliche) schnüffeln und das Umfeld beobachten. Sie dienen also nicht nur als mobile Feuermelder, sondern sollen auch Menschen in verbotenen Bereichen lokalisieren. Dafür gibt es verschiedene Prototypen, die mehr oder weniger erprobt wurden. Hauptproblem ist vor allem das Zurechtfinden in der Einsatzumgebung. Diese kann unterschiedlich strukturiert sein:

- Gebäude mit einer typischen Mikrostruktur (Kleinlabor oder Büro) und einer Makrostruktur, wie sie z.B. in Werkhallen, auf Bahnhöfen und in Kaufhallen vorzufinden ist sowie
- Freigelände (Outdoor-Bereich). Dazu zählen Bereiche mit vorgegebenem Fahrweg (Landstraße, Autobahn) und ohne Fahrweg, wie z.B. Betriebshöfe, Offroad und Waldgebiete.

Bild 3.24 „Polizeiroboter" (Teleoperator) HOBO L3A1 (Kenntree, Irland)

3.4.4 Botendienste und Versorgung

In großen Handelslagern, Druckereien und Werkhallen werden seit vielen Jahren fahrerlose Flurförderzeuge eingesetzt, die über im Fußboden verlegte Leiterschleifen geführt werden. Das Prinzip zeigt **Bild 3.25**. Induktiv geführte Schlepper wurden 1953 erstmals von der amerikanischen Barrett Vehicle Systems entwickelt.

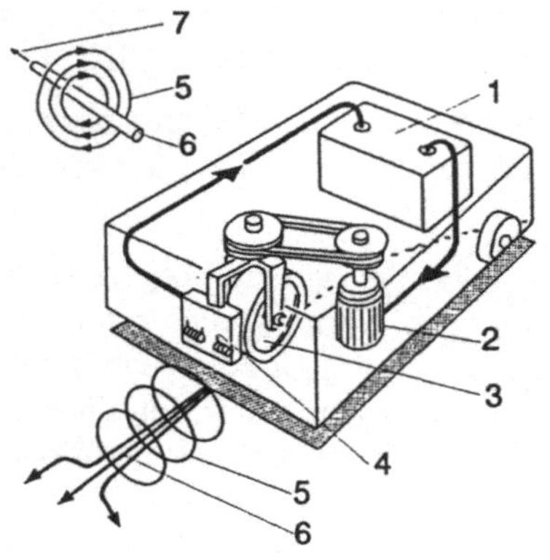

Bild 3.25
Führung eines Fahrzeugs mit Hilfe eines Leitdrahtes
1 Stromquelle,
2 Lenkmotor,
3 gelenktes Rad,
4 Sensor,
5 elektromagnetisches Wechselfeld,
6 Leitdraht,
7 Stromrichtung

Der Leitdraht strahlt ein elektromagnetisches Wechselfeld ab. Dieses wird von Sensoren erfaßt. Über den Lenkmotor wird das Fahrzeug auf Spur gehalten. Da die Präparation des Fußbodens relativ aufwendig ist, wendet man sich heute mehr jenen Systemen zu, die ohne Leitdraht auskommen. Sie können z.B. über Reflexmarken, die von einem Laserstrahl abgetastet werden, navigieren.

Heute geht es häufig um die Automatisierung von Botengängen, z.B. in Krankenhäusern, Hotels und das Einsammeln und Austragen von Akten in weiträumigen Bürogebäuden. In den USA hat man dazu den Kurierdienst-Roboter „HelpMate" (**Bild 3.26**) entwickelt und inzwischen in etlichen Systemen eingesetzt.

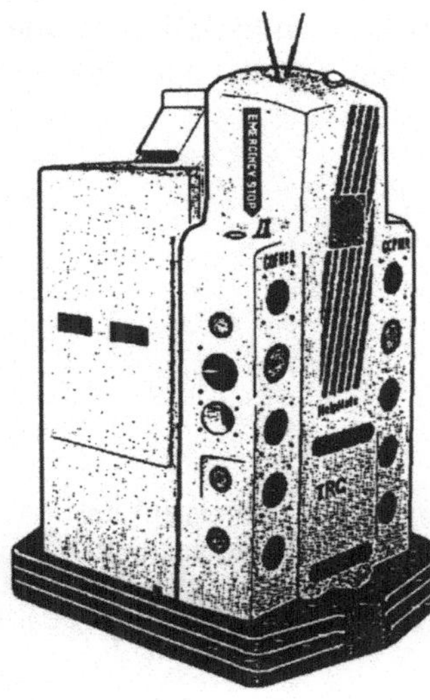

Bild 3.26
Automatisches Warentransportsystem „HelpMate"
(Transitions Research Corporation, USA)

Was kann HelpMate? Er fährt mit maximal 2,7 km/h über Flure und Etagen und befördert Gegenstände, Post und Speisen, die ihm in Fächern mitgegeben werden. Immerhin sind in einem Krankenhaus je Pflegetag etwa 18 kg Güter pro Patient umzuschlagen. Aufzüge ruft und benutzt er selbständig. Er spricht einige Warntexte und meldet sich nach getaner Arbeit per Sprachausgabe zurück. Er erkennt Treppen und Absätze mit seinem Orientierungssystem auf optischer (Lichtschnittsystem) und akustischer Basis (Ultraschall). Der Weg zum Zielpunkt wird mit Hilfe einer eingespeicherten „Landkarte" verfolgt und eigenständig optimiert. Das Be- und Entladen von z.B. Wäsche, Medikamenten und Speisen geschieht manuell. Zukünftige Systeme werden auch das automatische Lasthandling beherrschen.

Es gibt auch schon den Prototyp eines Roboters, der einmal den Tankwart ersetzen soll. Er nimmt den Tankdeckel ab und tankt den Wagen auf, nachdem er die Kreditkarte gesehen hat. Voraussetzung ist ein spezieller Tankverschluß, der denen ähnelt, wie sie in der Formel 1 an Rennwagen gebräuchlich sind. Der gesamte Ablauf erfordert sensorgestützte Aktionen. Wenn eines Tages flüssiger Wasserstoff als Treibstoff verwendet wird, muß diese Technik des Tankens unbedingt zum Einsatz kommen.

3.4.5 Rehabilitation

Prothetik und Robotik haben in einigen Bereichen gemeinsame Grundlagen. Deshalb hat man schon immer versucht, neue Erkenntnisse in beiden Gebieten auszutauschen. Versehrten kann mit Geräten geholfen werden, die nach ihrer Art zu den Teleoperatoren gehören. Das sind Orthesen und Telethesen. Orthesen sind „Außenskelette" (Exoskelette) mit extern leistungsversorgten Stellgliedern. Damit sollen gelähmte Extremitäten wieder benutzbar werden. Telethesen sind Geräte, die nicht am Körper getragen werden, sondern z.B. als Manipulatorarm zur Verfügung stehen. Das Problem besteht bei gelähmten Patienten darin, wie sie diesen Arm steuern können. Nicht immer ist ein Joystick bedienbar. Deshalb gibt es auch Systeme, die eine Kopfbewegung auswerten und in Aktionen umsetzen. Auch eine Spracheingabe von Befehlen ist möglich oder die Auswertung von Augapfelbewegungen über eine spezielle Brille. In **Bild 3.27** wird eine Telethese gezeigt. Mit etwas Geschick gelingt es dem Patienten, Objekte mit Hilfe des Manipulatorarmes zu bewegen.

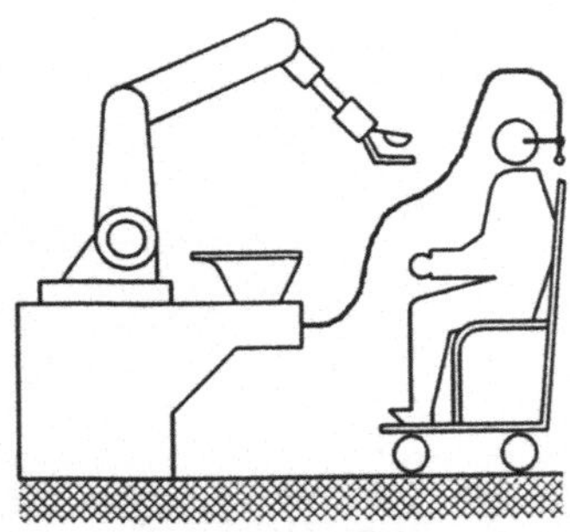

Bild 3.27
Telethese für Querschnittsgelähmte. Der Gelenkarmroboter hat den Freiheitsgrad 5, d.h. 5 gesteuerte Bewegungsachsen.

Die Hauptschwierigkeit besteht in der Beschaffung einer genügenden Anzahl von Eingangssignalen. Die Wirkung des Roboters ist natürlich nur gesichert, wenn er in einer geordneten Umwelt aufgestellt ist. Die versehrte Person befindet sich im Zentrum dieser Umgebung, wo sie den gesamten Arbeitsbereich überschauen kann.

Andere Anwendungen wären roboterunterstützte Bewegungsübungen zur Wiederherstellung der Beweglichkeit von Gliedmaßen, z.B. Fingern. In diesen Fällen wäre der Roboter der Master und der Patient der Slave. Solche Konzepte hat man bereits in den 60er Jahren ausgearbeitet.

3.5 Industrieroboterperipherie

Der einzelne Roboter ist wie eine Ameise ohne Ameisenhügel. Es wird also ein brauchbares Umfeld benötigt, wenn ein Industrieroboter wirtschaftlich arbeiten soll. Dieses Umfeld wird als Peripherie bezeichnet.

3.5.1 Gliederung und Aufgaben

Lediglich bei etwa 2% der industriellen Arbeitsplätze sind alle Vorausetzungen für den Einsatz von Industrierobotern von vornherein gegeben. Bei den weitaus meisten Arbeitsplätzen muß erst eine zur Flexibilität des Roboters passende Peripherie geschaffen werden. Was zählt zur Peripherie?

Es sind alle Einrichtungen, mit denen der Roboter unmittelbar zusammenwirkt bzw. die unbedingt nötig sind. Dazu gehören:

- Werkstückmagazine zur Teilebereitstellung,
- Zuführeinrichtungen für ungeordnete Kleinteile,
- Einrichtungen zur Objekterkennung,
- Spann- und Positioniereinrichtungen,
- Greifer- und Werkzeugspeicher,
- Meß- und Prüfeinrichtungen sowie
- externe Sicherheitseinrichtungen.

Aber auch am Roboter selbst gibt es wichtige Accessoires, wie Sensoren und Greifer, die aufgaben- und umfeldgerecht ausgewählt werden müssen. Der Roboter ist mithin nur die Spitze eines Eisbergs von Aktivitäten (**Bild 3.28**).

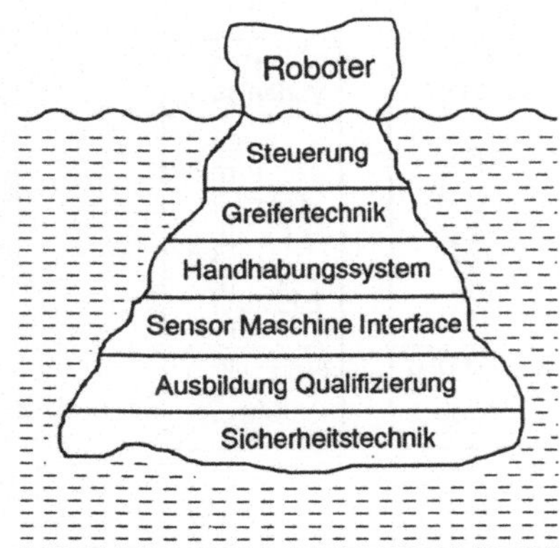

Bild 3.28
Ein Roboter allein macht noch keine Automatisierung. Er ist nur die Spitze eines Eisbergs an Aktivitäten, die nötig sind, um Roboter einsetzen zu können. Die Qualifizierung darf natürlich nicht in die unterste Ebene abgeschoben werden.

Beim Einsatz von Handhabungseinrichtungen, gleich welcher Art, ist die Peripherie ein interdisziplinäres Entscheidungsfeld, bei dem es auf technische Perfektion ebenso ankommt, wie auf die wirtschaftliche Verhältnismäßigkeit. Immerhin kann in der Montage der kostenmäßige Aufwand für die Peripherie 50% und mehr der Gesamtkosten einer Automatisierungslösung erreichen. Die Auslegung der Peripherie setzt also eine intensive Auseinandersetzung mit der Arbeitsaufgabe voraus. Ganz allgemein gilt:

- Je weniger ein Industrieroboter kann, desto mehr muß die Peripherie leisten. Sie muß die Fähigkeiten des Roboters ergänzen.

- Die Summe aus Roboter- und Peripheriefunktionen ist je Aufgabe konstant. Man versucht Funktionen dort anzulegen, wo sie am billigsten realisert werden können.
- Je mehr Robotertechnik in komplexe Strukturen integriert wird, desto mehr verschmelzen Maschinen, Transport (Logistik), Robotik und Peripherie miteinander.

3.5.2 Werkstückbereitstellung

Unabhängig von der Art der Beschickung einer Maschine und vom Unordnungsgrad der Werkstücke müssen diese in geeigneten Bereitstelleinrichtungen von Arbeitsplatz zu Arbeitsplatz gebracht werden. Diese technischen Mittel sind in der Massenfertigung Weitergabeeinrichtungen und bei losweiser Fertigung Werkstückmagazine.

In **Bild 3.29** werden einige typische Möglichkeiten gezeigt. Gegurtete Montagekomponenten müssen vor der Handhabung entpackt werden. Diese Art der Bereitstellung hat sich vor allem für elektronische Bauelemente sehr bewährt. Bei schwierigen Teilen, wie z.B. Drahtfedern, ist zu überlegen, ob man überhaupt auf Vorrat produziert. Man kann Drahtteile auch im Takt der Montageanlage herstellen und sofort montieren. Das vereifacht das Handhaben von Wirrgut erheblich.

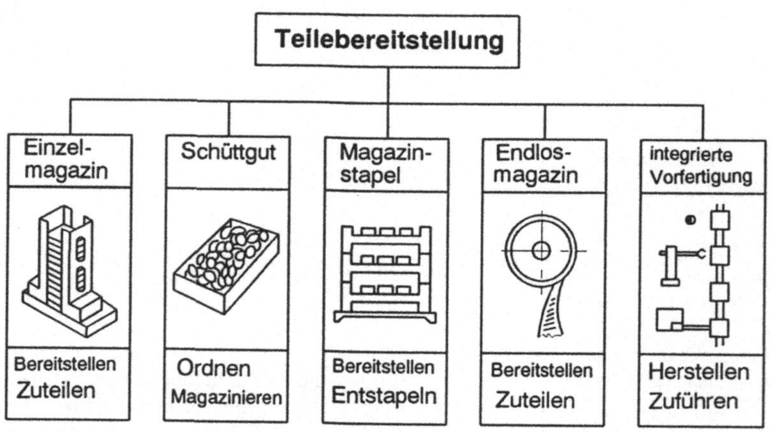

Bild 3.29 Möglichkeiten zur Bereitstellung von Arbeitsgut in Teilefertigung und Montage

Für ungeordnet angelieferte Kleinteile ist das Ordnen durchzuführen, ehe der Roboter das Werkstück übernimmt. Dafür gibt es viele Möglichkeiten. Sehr bewährt haben sich die Vibrationswendelförderer. Ein Schwingsystem veranlaßt die Teile, z.B. Schrauben, Stifte, Kunststoffteile und Scheiben, entlang einer Wendelbahn zum Ausgang zu wandern. Werden nun auf diesem Weg Ordnungselemente angebracht, so richten sich die Werkstücke aus und gelangen in eine einheitliche gewünschte Orientierung. Das Prinzip kann man aus **Bild 3.30** erkennen.

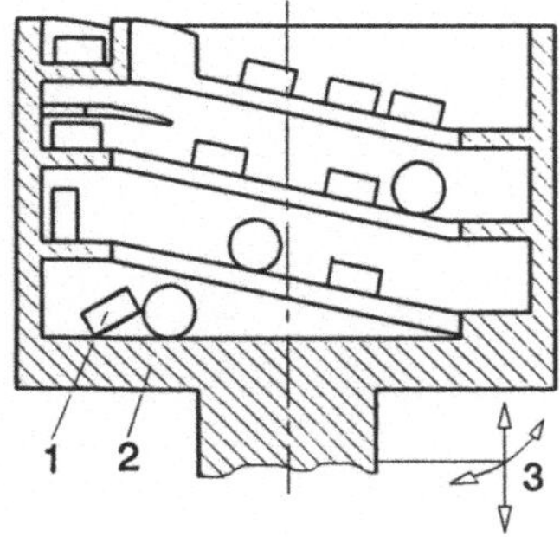

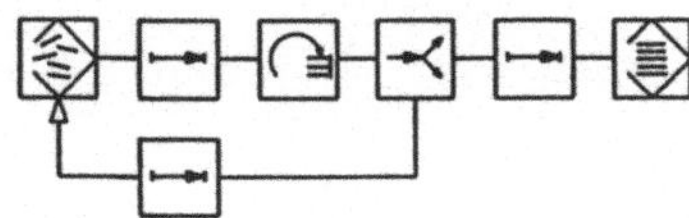

Bild 3.30
Um Kleinteile geordnet zuführen zu können, werden häufig Vibrationswendelförderer eingesetzt.
1 Werkstück,
2 Schwingaufsatz,
3 Hub-Drehschwingungen

Als Ordnungselemente werden z.B. Kippkanten, Profilöffnungen, Halteschienen, Abweiser und auch Druckluftdüsen in die Bahn eingebaut. Man unterscheidet übrigens 2 Ordnungsprinzipe. Beim Ordnen durch Gleichrichten werden grundsätzlich alle ankommenden Teile solange gedreht und gewendet, bis sie der Soll-Orientierung entsprechen. Beim Ordnen durch Auslesen können nur Teile in Richtig-Lage die Ordnungselemente passieren. Alle anderen fallen in den Bunker zurück und starten einen neuen Durchlauf. Ganz allgemein gilt natürlich im Fabrikbetrieb, daß man eine einmal erreichte Ordnung von Werkstüken nicht einfach aufgeben, sondern erhalten soll. Allerdings gibt es da auch Ausnahmen.

Betrachtet man die verschiedenen technischen Werkstückspeicher, dann zeigt sich, daß die Natur schon lange vorher vergleichbare Lösungen herausgebracht hat. Eine kleine Gegenüberstellung findet sich in **Bild 3.31**.

Werkstücke müssen häufig in der Produktion gepuffert werden. Auch die Natur hat Lösungen ausgearbeitet, so z.B. für Pflanzen und Kristalle. Die Bauten sozialer Insekten zählen ebenfalls dazu.

Aus der Sicht der Roboterbeweglichkeit sind zwei Varianten von Werkstückspeichern zu unterscheiden:

- aktive (dynamische) Speicher und
- passive (statische) Speicher.

Ein aktiver Speicher, z.B. ein Förderband oder ein Scheibenspeicher, bringt jedes Werkstück an eine immer gleichbleibende Abnahmestelle. Der Roboter steuert stets nur diesen einen Punkt an. Dadurch kommt man oft mit weniger Bewegungsachsen beim Roboter aus oder man kann überhaupt darauf verzichten und dafür eine preiswerte Einlegeeinrichtung plazieren.

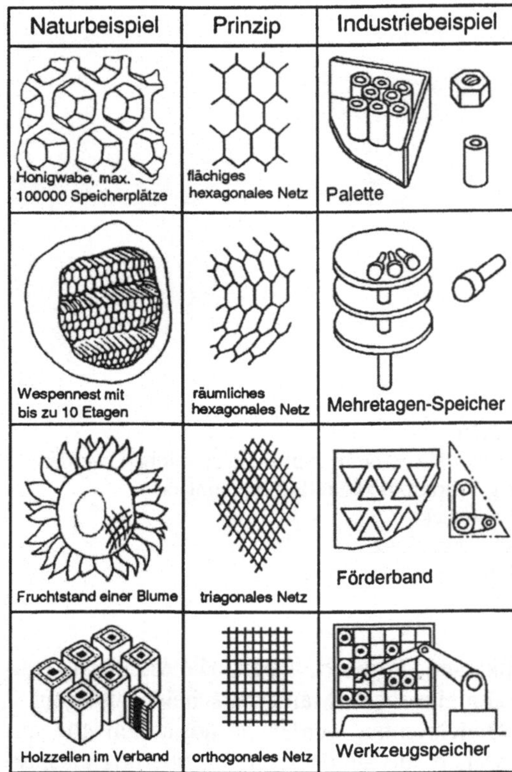

Bild 3.31
Speichersysteme in Natur und Technik

Beim passiven Speicher handelt es sich um Kästen, Flachpaletten, Regale u.ä., d.h. jedes Werkstück befindet sich an einer zwar definierten, aber voneinander abweichenden Position. Der Roboter muß die gesamte Beweglichkeit aufbringen, um Speicherflächen abräumen zu können. Mitunter setzt man auch sogenannte Vertakteinrichtungen ein, die eine Flachpalette zeilenweise verschieben. Das ist dann sinnvoll, wenn man die Handhabungseinrichtung auf einen Linienportalroboter reduzieren kann. Aber das ist noch nicht alles. Es gibt sogar Handhabungseinrichtungen, die Paletten in 2 Achsen präsentieren können und außerdem die Paletten vom Stapel abheben und die Leerpaletten an anderer Stelle aufstapeln.

3.5.3 Sicherheitstechnik

Roboter können dem Menschen gefährlich werden. Deshalb werden Sicherheitseinrichtungen gebraucht, die die Bewegungsräume von Mensch und Roboter strikt trennen. Andererseits sollen aber auch Wartung, Programmierung und Kontrolle des Arbeitsergebnisses durch den Menschen gefahrlos möglich sein. Man unterscheidet also 2 grundsätzliche Betriebsweisen des Roboters:

- Automatikbetrieb und
- Einrichtebetrieb.

Letzterer erfordert den „Mann am Roboter“. In diesem Fall hat die Robotersteuerung zu gewährleisten, daß bei keinerlei Bedienhandlung die Bewegungsgeschwindigkeit größer als 250 mm/s wird (VDI-Richtlinie 2853). Zwangsweise reduzierte Geschwindigkeiten dürfen nur mit einem Schlüsselschalter am Steuerschrank aufgehoben werden.

Wie das **Bild 3.32** zeigt, besteht eine häufig angewendete und wirkungsvolle Maßnahme darin, Metallzäune zu setzen, die mit schalterbewehrten Türen und Durchreichen ausgestattet sind.

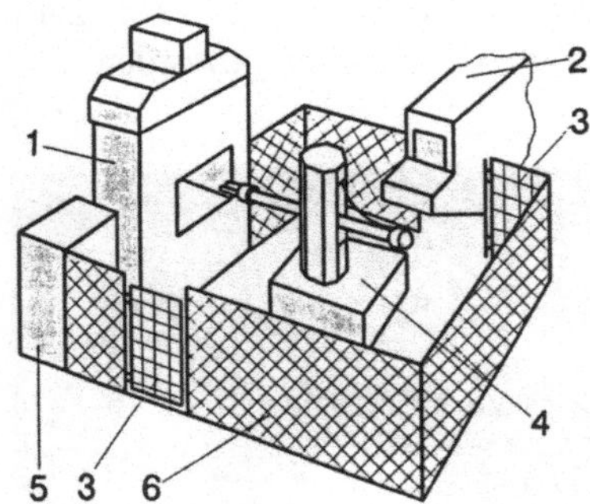

Bild 3.32
Umzäunter Industrieroboterarbeitsplatz
1 Presse,
2 Glühofen,
3 Sicherheitstür,
4 Industrieroboter,
5 Schaltschrank,
6 Zaunfeld

Schutzzäune sollen auch eventuell wegfliegende Teile, z.B. Werkstücke aus einem sich unplanmäßig öffnenden Greifer, auffangen (fangende Schutzeinrichtung). Für die Maschenweite von Zäunen und die Abschirmhöhen gibt es verbindliche Richtlinien (EN 294).

Beim komplexen Einsatz mehrerer Roboter müssen diese einzeln betreibbar sein und sollten getrennt ein- und ausschaltbare Sicherheitszonen haben. Außer den trennenden Schutzeinrichtungen gibt es auch ortsbindende und abweisende sowie solche mit Annäherungsfunktion. Weitere Hinweise werden im Kapitel 8 gegeben.

3.5.4 Meß- und Prüftechnik

Eine robotisierte Arbeitszelle kann nur dann längere Zeit ohne Aufsicht arbeiten, wenn auch das Arbeitsergebnis überwacht wird. Deshalb ordnet man im Umfeld des Roboters Meß- und Prüfeinrichtungen an. Sie können auch an der Werkzeugmaschine angebracht sein. Man unterscheidet zwei Vorgehensweisen. Das sind die

- In-process-Messung und das
- Post-process-Messen.

Beim In-process-Messen werden Werkstückparameter während der Bearbeitung durch ein Meßsystem erfaßt. Abweichungen vom Sollwert werden sofort von der Steuerung in Korrekturanweisungen umgesetzt. Von Nachteil sind die oft ungünstigen Meßbedingungen (Späne, Kühlmittel, Schwingungen). Diese Art des Messens ist z.B. bei der Schleifbearbeitung verbreitet, weniger beim Drehen und Fräsen.

Beim Post-process-Messen geschieht das Messen nach der Bearbeitung. Der Roboter entnimmt das Werkstück der Maschine, kühlt und reinigt es z.B. zwischen rotierenden

Bürsten (wenn erforderlich) und legt es in eine Meßvorrichtung ein. Da während dieses Vorgangs meistens schon weitere Werkstücke bearbeitet werden, trifft eine eventuell nötige Korrekturanweisung für diese Werkstücke zu spät ein. Die Messung ist allerdings genauer als bei der In-process-Messung.

Bei hohen Ansprüchen kann in autonomen Fertigungssystemen sogar eine Meßmaschine installiert sein, die von einem mobilen Roboter versorgt wird. Das zeigt **Bild 3.33**. Ist das erste Werkstück einer Serie bearbeitet, bringt es der mobile Roboter zur Meßstation. Die Meßdaten laufen sofort zur Korrektur der Maschineneinstellung zurück. Nun beginnt die Serienproduktion. Ab jetzt bringt der Roboter nur noch jedes 10. Teil zum Nachmessen. Die Qualitätssicherung ist hier zum integrierten Bestandteil geworden.

Bild 3.33 Beispiel für eine Meßzelle innerhalb des Werkstattbereiches (iwb München)

Kontrollfragen

3-1 Wieviel Industrieroboter sind nach Ihrer Schätzung gegenwärtig im Einsatz?

3-2 Welche Hauptanwendungsgebiete fallen Ihnen für den Robotereinsatz zur Werkzeughandhabung ein?

3-3 Worin liegen die Hauptanwendungen von Robotern in der Werkstückhandhabung?

3-4 Welche Vorteile hat die Verwendung eines Doppelgreifers beim Beschicken?

4 Aufbau von Industrierobotern

4.1 Einteilung in Teilsysteme

Industrieroboter sind Bewegungsmaschinen, die man in Teilsysteme gliedern kann. Diese betreffen den Informations- und Energiefluß. Das Zusammenspiel ist in **Bild 4.1** dargestellt. Die Teilsysteme sind:

- Kinematisches System oder kurz: Kinematik

Das ist gewissermaßen der technische Ersatz des menschlichen Armes, jedenfalls im weitestem Sinne. Meistens wird damit ein Greifer bewegt, weshalb man auch vom Greiferführungsgetriebe spricht. Das kinematische System stellt somit die räumliche Zuordnung zwischen Arbeitsorgan und Wirkungsort her.

- Antriebe

Sie dienen zum Wandeln und Übertragen der notwendigen Energie zu allen Bewegungsachsen und zum Greifer bzw. Werkzeug.

- Meßsysteme

Zur Funktionserfüllung sind vor allem Weg- bzw. Winkelmeßsysteme (Lagemessung der Achsen) unerläßlich. Aber auch die Geschwindigkeit muß in vielen Fällen zur Überwachung und Steuerung erfaßt werden. Weitere Meßsysteme können z.B. für die Kontrolle der Stromaufnahme der Achsenantriebe hinzukommen. Einfache Geber werden benutzt, um zusätzlich das Ende des Verfahrweges einer Achse oder z.B. den Greiferzustand (offen, geschlossen) anzuzeigen.

- Greifer oder Werkzeug

Das sind die eigentlichen „Erfolgsorgane“, die etwas bewirken, z.B. Erfassen, Halten und Bewegen eines Werkstücks. Die Auswahl des richtigen Greifers ist sehr wichtig, gibt es doch wesentlich mehr Greifer als Roboter. Weil sich die Arbeitsorgane am Ende des Armes befinden, spricht man auch vom Endeffektor.

- Steuerung

Sie dient zum Speichern, Steuern und Überwachen des Programmablaufs, zur Verarbeitung von Sensordaten und zur Kommunikation mit anderen Einrichtungen, z.B. der Peripherie des Roboters. Die Steuerung organisiert das koordinierte Zusammenwirken aller Teilsysteme eines Industrieroboters.

- Sensoren

Hier sind die „äußeren“ Sensoren gemeint, die zwar zum Gesamtablauf nötig, aber nicht direkt im Roboter untergebracht sind. Sie dienen z.B. zur Muster- und Lageerkennung von Objekten, zum Messen physikalischer Größen, z.B. der Temperatur, oder zum Erfassen stochastischer (zufälliger) Einflüsse im Umfeld eines Roboters. Besonders wichtig ist hier die Kollisionserkennung.

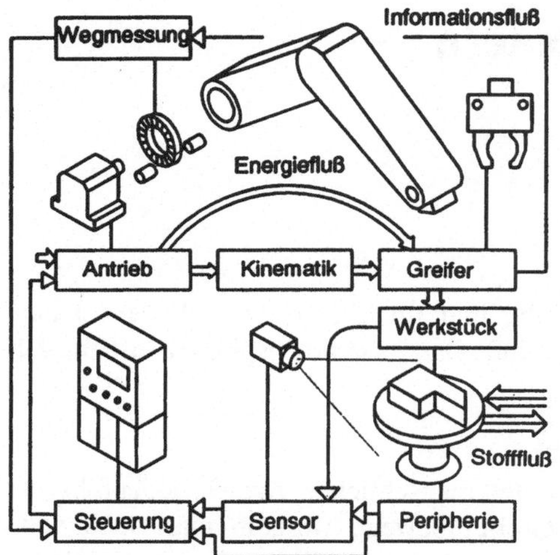

Bild 4.1
Die Hauptbestandteile eines Industrieroboters

Der Industrieroboter wird immer mehr zum integrierten Bestandteil von Produktionsanlagen und daher auch verstärkt in übergreifende Material-, Energie- und Informationsnetze eingebunden.

Kontrollfragen und Aufgaben

4-1 Welche wichtigen Komponenten stecken in einem Industrieroboter?

4-2 Ordnen Sie den Wortgruppen 1 bis 9 die typischen Begriffe A bis I zu.

1 Zur Erfüllung technologischer Aufgaben braucht man .....
2 Die Istpositionen des Roboterarms erfaßt ein ....
3 Die zur Bewegung des Roboters nötigen Kräfte erzeugen die ....
4 Das Halten und Drehen von Objekten bewirken ..... und ....
5 Die Bewegungsmöglichkeiten hängen ab von der ....
6 Informationen über Werkstücke und die Umwelt liefern ....
7 Programmgemäßes Handeln bewirkt die ......
8 Fehlende Roboterfunktionen ergänzt die ....
9 Handhabungsobjekte sind Halbzeuge, Prüfmittel und vor allem ... sowie .....

A Sensoren
B Wegmeßsystem
C Kinematik
D Peripherie
E Werkzeuge
F Steuerung
G Antriebe
H Greifer
I Werkstücke

4.2 Kinematische Grundlagen

4.2.1 Kombination von Bewegungsachsen

Die Bezeichnung „Kinematik“ kommt vom griechischen Wort kineo mit der Bedeutung „ich bewege“. Die Kinematik ist ein Teilgebiet der Physik. Im Zusammenhang mit Robotern meint man damit die Art der möglichen Armbewegungen, die je nach Konstruktion des Mechanismus möglich sind. Je mehr Glieder durch Elementepaare zu einem Mechanismus zusammengesetzt werden, desto größer ist seine Beweglichkeit. Eine solche Aneinandereihung heißt auch „kinematische Kette“. In **Bild 4.2** werden einige typische kinematische Ketten gezeigt.

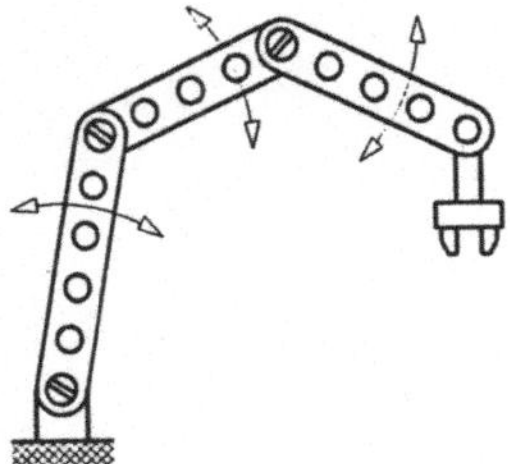

offene kinematische Kette

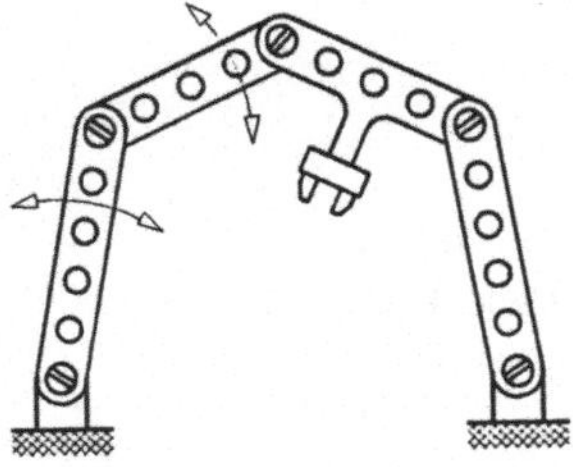

geschlossene kinematische Kette

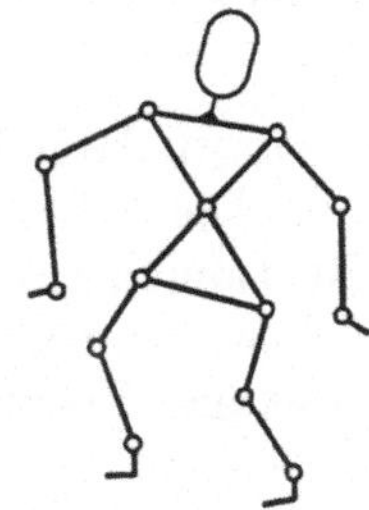

komplexe kinematische Kette

Bild 4.2
Zum Begriff der kinematischen Kette

Mechanismen mit offener kinematischer Kette stellen einen „Freiarm“ dar. Die Hand hat als Ende der Kette die größte Beweglichkeit, was aber auch einen beachtlichen Nachteil hat. Die Antriebsbedingungen sind kompliziert, weil ein Glied der Kette das eigene Schwerkraftmoment zu kompensieren hat und außerdem die Momente der nachfolgenden Glieder einschließlich des Greifers und der Gewichtskraft eines gegriffenen Werkstücks. Bei der geschlossenen kinematischen Kette stützen sich die Gewichtskräfte anders ab.

Auch der Mensch kann in seinem Skelett als Kombination mehrerer kinematischer Ketten aufgefaßt werden. Für industrielle Handhabungen interessiert uns vor allem ein Nachbau der Kette Rumpf-Oberarm-Unterarm-Handwurzel. Allerdings ist eine direkte Kopie nicht ratsam. Abweichungen in der Konstruktion ergeben sich auch durch die Art der verbindenden Gelenke. Die Natur kennt nur Drehgelenke, in der Technik sind aber auch Schubgelenke in Anwendung. Die wichtigsten Arten von Gelenken sind in **Bild 4.3** dargestellt. Gelenkart und Achsenlage nehmen deutlich Einfluß auf die Eigenschaften einer Handhabungsmaschine. Deshalb hat man für ausgewählte Anwendungen auch bestimmte kinematische Ketten ausgesucht, z.B. für die Montage den Waagerecht-Gelenkarm.

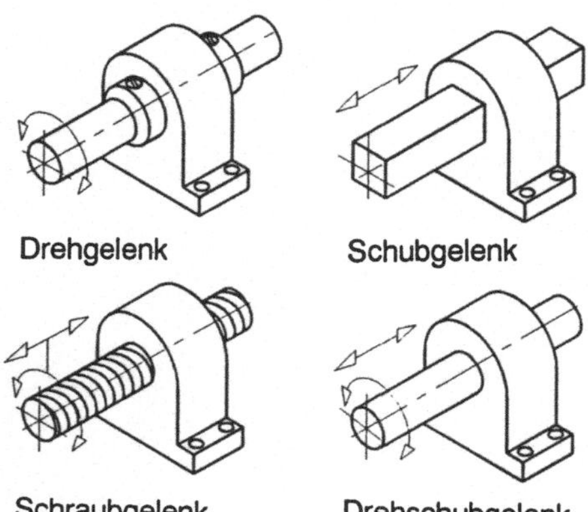

Bild 4.3
Einige typische Gelenkarten

Die Vielfalt kinematischer Strukturen ergibt sich also aus der Aufeinanderfolge von Dreh- und/oder Schiebegelenken, ihrer Anzahl und der Anordnung ihrer Achsenrichtungen zueinander.

Damit man den kinematischen Aufbau in Kurzform skizzieren kann, wurden die in **Bild 4.4** gezeigten Sinnbilder entwickelt. Damit wird Einheitlichkeit in der Darstellung erreicht. Man stellt den Roboter immer in Grundstellung dar. Sie ist dadurch gekennzeichnet, daß alle ortsfesten und ortsbeweglichen Achsen parallel bzw. symmetrisch zum Bezugskoordinatensystem ausgerichtet sind. Das ist ein rechtwinkliges Koordinatensystem mit den horizontalen Achsen X und Y sowie der vertikalen Z-Achse.

Die Verwendung der Symbole begreift man besser, wenn sie an einem Beispiel demonstriert werden. Dazu wurde in **Bild 4.5** ein Waagerecht-Gelenkarmroboter benutzt, der auch als SCARA bezeichnet wird. Man sieht, daß zur Abgrenzung Haupt- und Nebenachsen getrennt wurden.

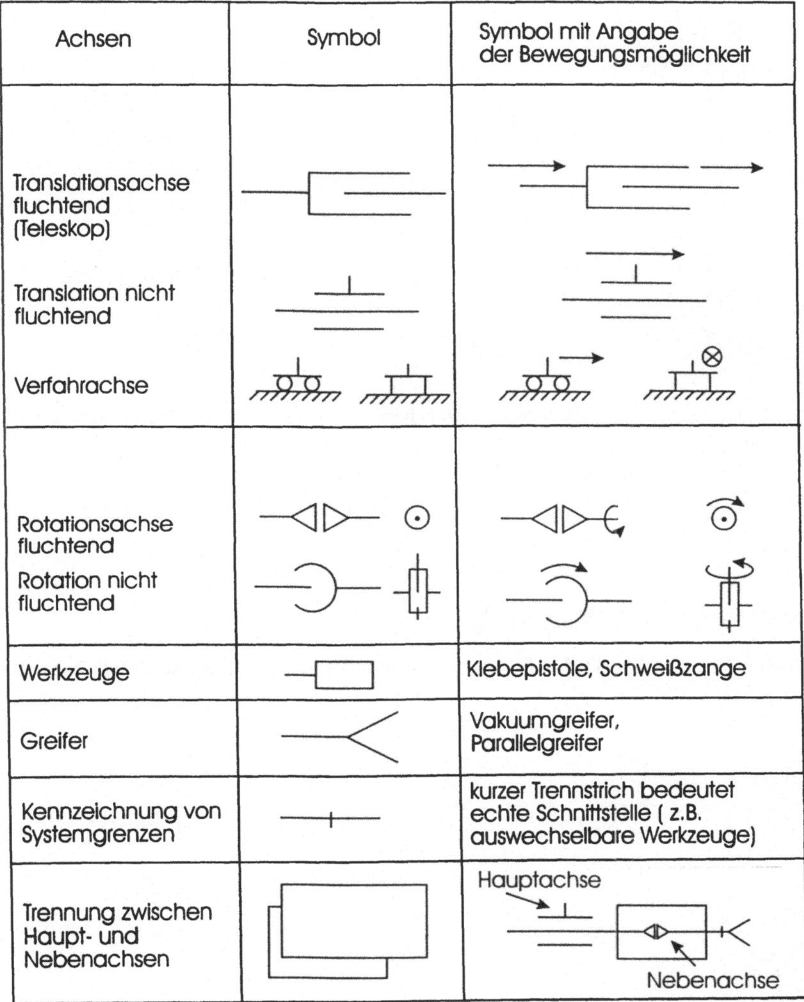

Bild 4.4 Symbolik zur vereinfachten Darstellung des kinematischen Aufbaus von Robotern (VDI-Richtlinie 2861)

Der Anzahl von Bewegungsachsen sind vorläufig enge Grenzen gesetzt. Das liegt an folgenden Erscheinungen:

- Mit zunehmender Anzahl von Achsen steigt der Positionierfehler für den Endeffektor.
- Jede zusätzliche Achse verteuert den Roboter beachtlich. Es vervielfacht sich die Anzahl der Motoren, Getriebe, Meßsysteme, Bremsen und Lageregelkreise.
- Mit zunehmender Anzahl von Achsen wird die Kraftübertragung immer schwieriger.

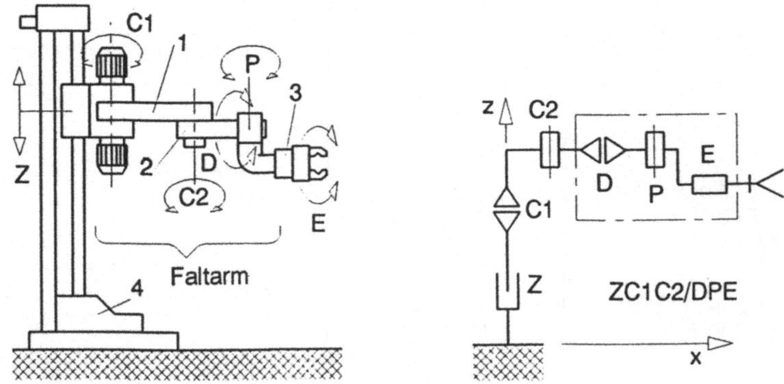

Bild 4.5 Beispiel für die Beschreibung der Kinematik eines SCARA-Roboters mit Hilfe von Sinnbildern
1 Oberarm, 2 Unterarm, 3 Handwurzel, 4 Rumpf

Kontrollfragen und Aufgaben

4-3 Stellen Sie den im **Bild 4.6** dargestellten Roboter als kinematisches Schema dar!

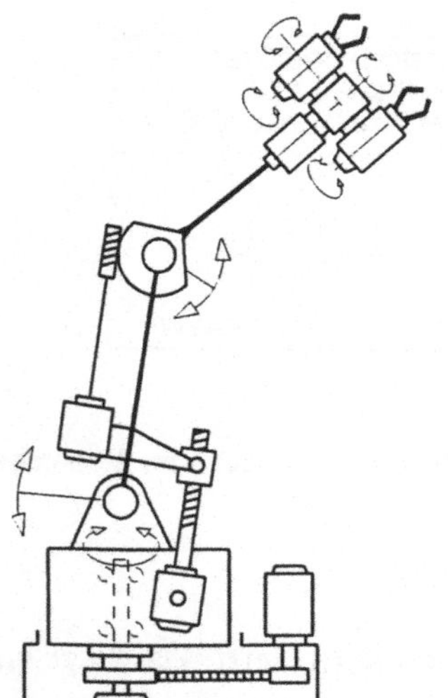

Bild 4.6
Knickarmroboter
1 Zugmittelgetriebe,
2 Schneckengetriebe,
3 Schraubtrieb,
4 Greifer,
5 Elektromotor mit koaxialem Reduziergetriebe

4-4 Spielt die Art der Baugruppen zur Kraftübertragung bei der graphischen Darstellung der Kinematik eine Rolle?

4-5 Ergänzen Sie das **Bild 4.3** um die Gelenkart „Kugelgelenk“. Welchen Freiheitsgrad hat das Kugelgelenk?

4.2.2 Arbeitsraum

Jede Bewegungsachse hat einen Arbeitsbereich, der durch die konstruktive Auslegung festgeschrieben ist. Beispiel: Verfahrweg einer Linearachse = 400 mm. Der jeweils zulässige maximale Weg bzw. Winkel wird durch Festanschläge blockiert. Die Gesamtheit der Arbeitsbereiche von mindestens 3 Bewegungsachsen einer kinematischen Struktur spannt den Arbeitsraum auf. In **Bild 4.7** wird der typische Arbeitsraum eines SCARAs gezeigt. Es ist üblich, bei diesen Darstellungen Werkzeuge, Greifer, Schrauber usw. nicht mit zu berücksichtigen. Die Arbeitsraumgrenzen stellen also den größten Abstand des Armanschlußflansches dar. Einfache Einlegegeräte mit nur 2 Bewegungsachsen bilden nur eine Arbeitsfläche aus. Industrieroboter erzeugen Arbeitsräume, weil sie mindestens über 3 Bewegungsachsen (bei geeigneter Anordnung) verfügen.

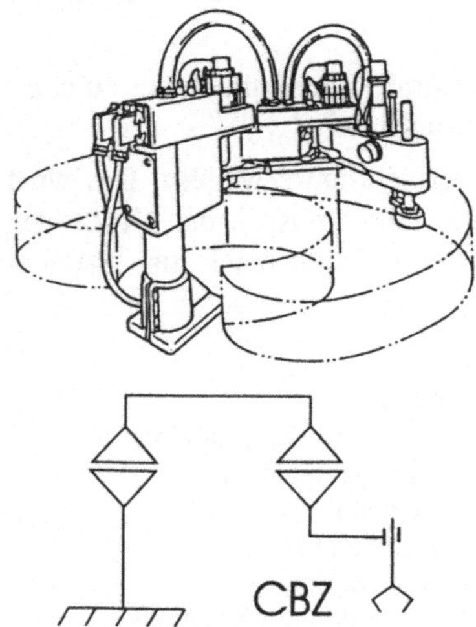

Bild 4.7
Typischer Arbeitsraum eines SCARA-Roboters

Die Arbeitsraumgrenzen sind nicht immer geometrisch einfach. Besonders bei Drehgelenkrobotern ergeben sich Formen aus mehreren ineinanderlaufenden Radien. Das kann man auch aus **Bild 4.8** gut erkennen.

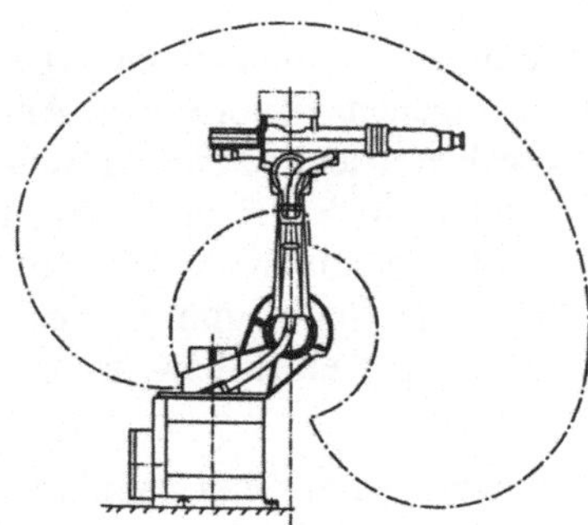

Bild 4.8
Darstellung der Schnittfläche des Arbeitsraumes beim Knickarmroboter IR 363/6.0 (KUKA)

Für die Einsatzplanung ist aber nicht allein der Arbeitsraum wichtig, der sich aus den Hauptachsen des Führungsgetriebes und den Nebenachsen im Roboterhandgelenk ergibt, sondern auch die nicht nutzbaren Räume, die im Umfeld freigehalten werden müssen. Es gilt:

Hauptarbeitsraum	+	Nebenarbeitsraum	=	Arbeitsraum
Arbeitsraum	+	nicht nutzbarer Raum	=	Bewegungsraum
Bewegungsraum	+	Sicherheitsraum	=	Gefahrenraum.

Die Hauptachsen (Grundachsen, die ersten 3 Achsen) dienen vor allem der Ortsveränderung des Effektors und bilden den Hauptarbeitsraum. Die Nebenachsen haben meistens die Funktion, den Effektor am Wirkungsort zu orientieren.

Nicht nutzbar sind alle Räume, die sich ergeben, wenn z.B. das Ende eines Radialarmes schwenkt. Hier dürfen sich keine Gegenstände befinden, die Ursache einer Kollision sein könnten.

Um den Bewegungsraum legt man für alle Fälle eine neutrale Zone, um sicher zu sein, daß nichts anstößt. Diese Zone bezeichnet man als Sicherheitsraum.

Durch ausladende Greifer kann sich der Arbeitsraum beträchtlich erweitern. Das wird besonders bei der Handhabung von Blechteilen sichtbar. Hier müssen der Größe der Teile geschuldet, flächig verteilte Sauger benutzt werden, die man auch als „Saugerspinne" bezeichnet. Ein Beispiel wird in **Bild 4.9** gezeigt.

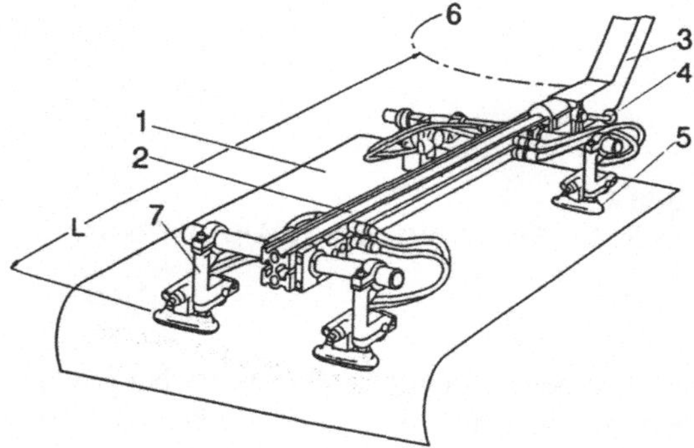

Bild 4.9
Großflächen-Saugergreifer („Saugerspinne")
1 Blechteil,
2 Auslegerarm,
3 Roboterarm,
4 Schnellklemm-Kupplung,
5 Ovalsauger,
6 Arbeitsraumgrenze,
7 Saugermodul,
L Abstand, um den sich der Arbeitsraum vergrößert

4.2.3 Koordinatensysteme

Das Bewegungssystem eines Industrieroboters besteht aus mehreren hintereinandergeschalteten Schiebe- und bzw. oder Drehachsen mit jeweils eigenem motorischem Antrieb und numerischer Wegsteuerung. Damit man nun Vorgaben machen kann, an welche Stelle das Arbeitsorgan des Roboters wirken soll, muß man den Raumpunkt in Zielkoordinaten angeben. Nehmen wir einmal an, daß der Arbeitsraum eine Quadergröße von 1000 mm x 1000 mm x 1500 mm hat und eine Auflösung von 0,5 mm vorliegt, dann sind von der Steuerung 6 Milliarden Raumpunkte zu unterscheiden bzw. zu finden.

Es gibt am Roboterarbeitsplatz aber nicht nur ein Koordinatensystem. Man kann verschiedene angeben, wie es in **Bild 4.10** gezeigt wird.

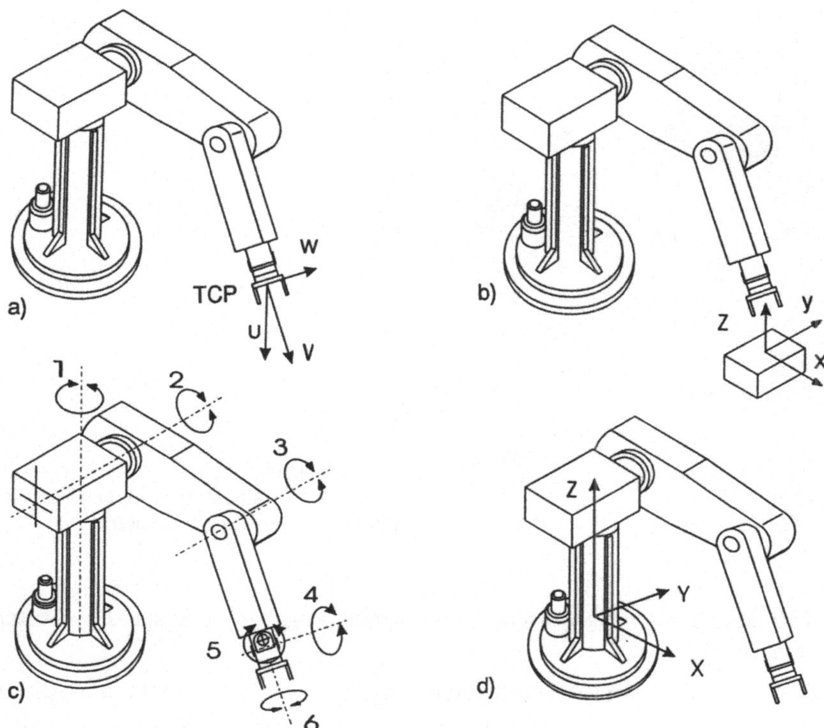

Bild 4.10 Die 4 wichtigsten Koordinatensysteme
a) auf den Greifer bezogen,
b) auf das Werkstück bezogen,
c) auf die Drehachsen 1 bis 6 bezogen,
d) auf den Fußpunkt bezogen (Raumkoordinaten)

Es läßt sich die Stellung einer jeden Bewegungsachse angeben. Diese Koordinaten sind dann achsenbezogen und heißen Gelenkkoordinaten. Das ist jedoch für den Programmierer unpraktisch, für die Steuerung des Roboters aber unerläßlich. Bezieht man alle Aktionen auf den Fußpunkt des Roboters, dann spricht man von Basis- oder Weltkoordinaten. Schließlich kann man auch im Arbeitspunkt (TCP) des Greifers ein Koordinatensystem aufspannen und natürlich auch am Werkstück, das sich vor dem Roboter in Reichweite befindet. Alle diese Koordinatensysteme werden gebraucht.

Welches mathematische System zur Koordinatenbeschreibung verwendet wird, hängt von der Kinematik des Roboters ab (siehe dazu auch Bild 2.13). Was damit gemeint ist, erkennt man aus **Bild 4.11**. Es gilt (T = Translation, R = Rotation):

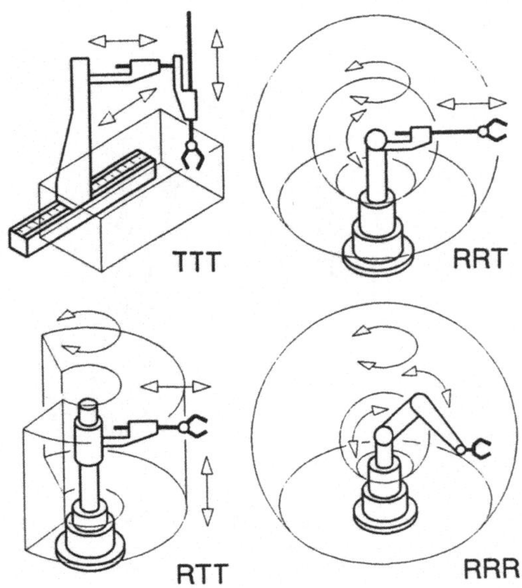

Bild 4.11
Die 4 häufigsten Arbeitsraumformen von Industrierobotern

- TTT-Kinematik = kartesische Koordinaten; Angaben in Abstand x, Abstand y, Abstand z
- RTT-Kinematik = Polarkoordinaten; Angaben in Winkel, Abstand x, Abstand y
- RRT-Kinematik = Kugelkoordinaten; Angaben in Winkel 1, Winkel 2, Abstand x
- RRR-Kinematik = Gelenkkoordinaten; Angaben in Winkel 1, Winkel 2, Winkel 3.

Kontrollfragen und Aufgaben

4-6 Zeichne in jedes der in **Bild 4.12** dargestellten 5 Koordinatensysteme den Punkt ein, der die Koordinaten x = 50, y = 20 bzw. $\alpha = 35°$, $\beta = 60°$ aufweist. Kann der Greifer diesen Punkt in jedem Koordinatensystem erreichen?

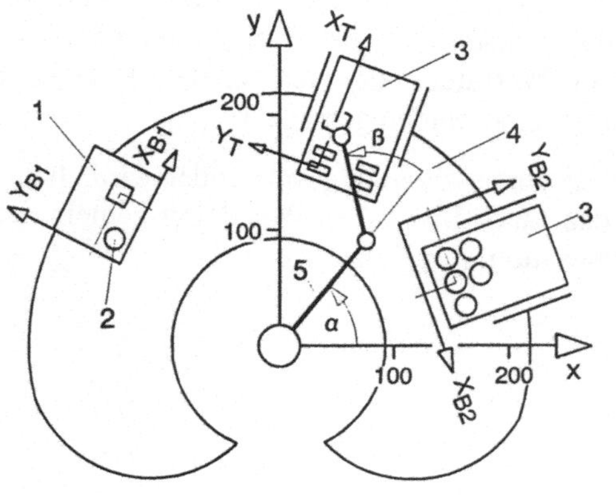

Bild 4.12
Montagezelle mit Waagerecht-Gelenkarmroboter (SCARA)

1	Montagevorrichtung,
2	Montagebasisteil,
3	Bauteilbereitstellung,
4	Draufsicht des Arbeitsraumes,
5	Roboterarm mit Greifer,
X-Y	Weltkoordinatensystem,
α-β	Gelenkkoordinatensystem,
X_B-Y_B	Objektkoordinatensysteme, vom Benutzer definiert,
X_T-Y_T	Werkzeug-(Greifer-) Koordinatensystem

4-7 Welche Unterscheidung wird bei Roboterachsen getroffen?

4-8 Welche Achsenbezeichnung ist einem Horizontal-Gelenkarmroboter zuzuordnen?

4-9 Welche Achsenbezeichnung kennzeichnen einen Universalknickarmroboter?

4-10 Der im **Bild 4.13** dargestellte Roboter mit der Grundstruktur RTT (zylindrischer Arbeitsraum) steht mit dem TCP (Arbeitspunkt) des Greifers auf der Raumposition (x, y, z) mit P1 = 200, 0, 800. Der Greifer soll zur Position P2 = 100, 173.3, 600 verfahren werden. Beschreibe die Antriebsbewegungen, die dazu nötig sind, in Form einer Gleichung.

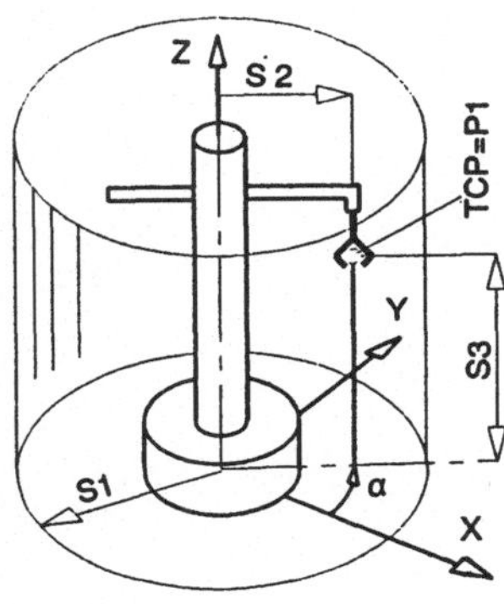

Bild 4.13
Roboter mit zylindrischem Arbeitsraum

4.3 Kenngrößen

Der anwendungstechnische Wert eines Roboters ist aus seinen Kenngrößen bzw. -werten zu erkennen. Das sind mindestens folgende Angaben:

- Wege, Geschwindigkeiten und Beschleunigungen je Achse,
- Tragfähigkeit und
- Positioniergenauigkeit.

Einige Kenngrößen sollen etwas genauer betrachtet werden.

4.3.1 Freiheitsgrad

Bezeichnung für die Anzahl von Drehungen und Schiebungen, die einem Objekt ermöglicht werden. Bei einem Werkstück sind das höchstens 6 (3 Schiebungen in x, y, und z; 3 Drehungen in α, β, γ). Bezieht man sich auf das Führungsgetriebe des Roboters, meint also den Getriebefreiheitsgrad F, dann ist dieser die Gesamtzahl gesteuerter Bewegungsachsen. Der Getriebefreiheitsgrad wird auch als Laufgrad bezeichnet. Er kann auch größer als 6 sein. Die Schließbewegung des Greifers ist zwar nötig, zählt aber nicht als Freiheitsgrad, weil das Öffnen und Schließen keine Wirkungen auf die Bewegungsbahn hat.

Ein Vergleich der menschlichen Handbewegungen mit dem Roboterarm wird in **Bild 4.14** vorgenommen. Hier sind die Schubbewegungen (Translationen) bezeichnet mit

1 Anheben (vertical up-down),

2 Hinlangen (forward-backward),

3 Querschieben (lateral left-right),

und die Drehungen (Rotationen) in Anlehnung an Ausdrücke der Navigation in der Luftfahrt mit

α_1 Neigen (pitch, tilt),

α_2 Rollen (roll, twist) und

α_3 Gieren (yaw, turn).

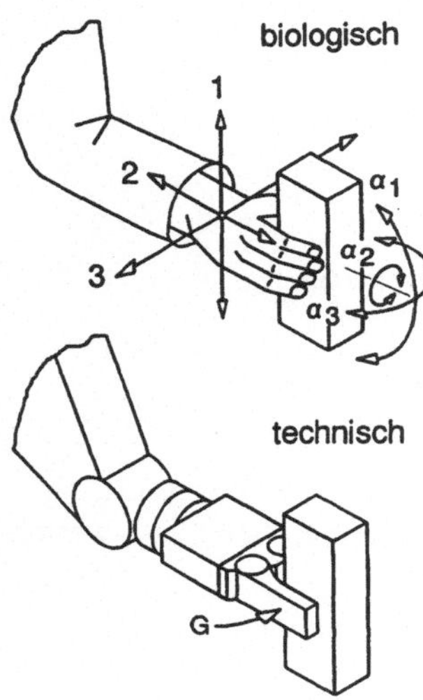

Bild 4.14
Mit der menschlichen Hand lassen sich Bewegungen im Freiheitsgrad 6 ausführen (nach Bejczy)
G Greiferschließbewegung

4.3.2 Tragfähigkeit

Darunter versteht man die höchstens zulässige Masse (Nutzlast) eines Handhabungsobjekts, die ein Roboter aufnehmen kann, ohne den zulässigen Betriebsbereich zu überschreiten. Die Angaben können sich auf die Schnittstelle Anschlußflansch/Greifer beziehen (Nennlast) oder nur auf die Greifertragfähigkeit (Nutzlast). Die Nutzlast kann meistens etwas erhöht werden, wenn man Einschränkungen in der Maximalgeschwindigkeit hinnimmt. Das **Bild 4.15** zeigt nochmals die Zusammenhänge.

4.3.3 Wiederholgenauigkeit

Sie gibt an, wie groß der Abstand zwischen Punkten im Mittel ist, wenn der Roboter in mehreren Versuchen denselben Zielpunkt (Sollpunkt) anfährt. Es ist also nicht der Abstand vom Zielpunkt, sondern der durchschnittliche Abstand der Ist-Punkte untereinander.

Beispiel: Die Wiederholgenauigkeit beträgt beim SCARA-Roboter IBM 7575 unter Normalbedingungen am Rande des Arbeitsbereiches 25 Mikrometer. Im Vergleich dazu hat das menschliche Haar einen Durchmesser von etwa 30 bis 50 Mikrometer.

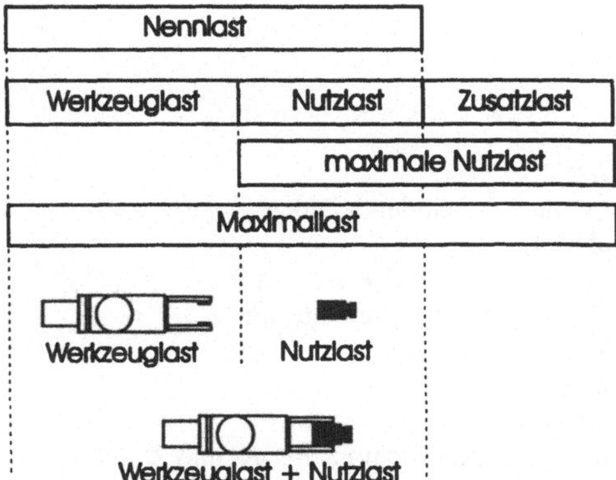

Bild 4.15
Tragfähigkeitsangaben für Roboter

4.3.4 Positioniergenauigkeit

Sie bringt zum Ausdruck, wie genau ein Zielpunkt angefahren wird. Das ist die größte Abweichung des Roboters (Istposition) von seiner Soll-Lage (Sollposition) beim Anfahren eines numerisch programmierten Punktes. Es ist besser, wenn man von einer Positionsabweichung spricht.

Beispiel: Es wird ein programmierter Zielpunkt angefahren. Der tatsächlich erreichte Punkt weist folgende Abweichungen auf:

- in X-Richtung = 0,42 mm,
- in Y-Richtung = 0,18 mm und
- in Z-Richtung = 0,23 mm.

Dann ergibt sich die Positionsabweichung, also ein Positionsfehler, zu

$$a = \sqrt{0{,}42^2 + 0{,}18^2 + 0{,}23^2} = 0{,}51 \text{ mm}$$

Nach den Vorschriften der ISO 9283 soll man mit gleichen Betriebsdaten die Position 30mal anfahren und daraus den Mittelwert bilden.

Wesentliche Ursachen für Abweichungen von der Zielposition sind Greiferverlagerungen durch Einwirken statischer Kräfte (verschieden schwere Werkstücke im Greifer) und Spiele in den Führungen, die sich bei unterschiedlicher Armstellung ergeben. Das wird aus **Bild 4.16** ersichtlich. Danach setzt sich die Greiferverlagerung im Beispiel aus 4 Anteilen zusammen. Kennt man diese Verlagerungen, dann besteht die Möglichkeit, diese bei genauen Arbeiten, z.B. in der Kleinteilmontage, bei der Sollwertvorgabe zu berücksichtigen. Moderne Steuerungen können solche Angaben auch automatisch verrechnen.

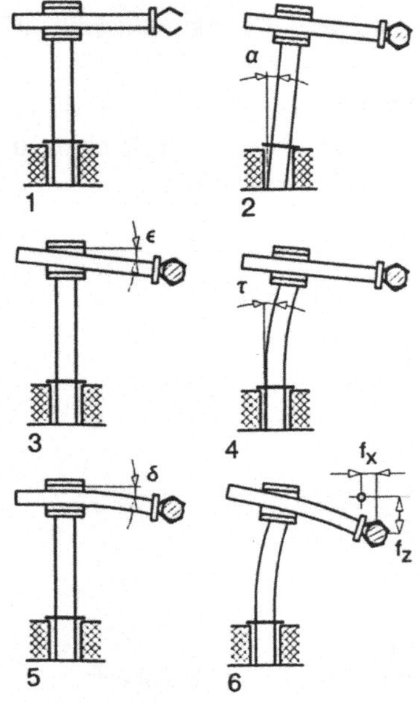

Bild 4.16
Greiferverlagerungen durch äußere Belastungen
1 unbelastet,
2 Verlagerung durch Lagerspiel in der Grundachse,
3 Verlagerung durch Schublagerspiel,
4 Säulenabbiegung,
5 Armbiegung,
6 Gesamtverlagerung,
f_x, f_z Verlagerung in Richtung der X- und Z-Achse

Kontrollfragen und Aufgaben

4-11 Innerhalb des Arbeitsraumes eines SCARA-Roboters soll eine Montagevorrichtung aufgebaut werden. Die Montageposition soll möglichst genau angefahren werden. Welche der möglichen Positionen A, B oder C (**Bild 4.17**) wird man auswählen und warum?

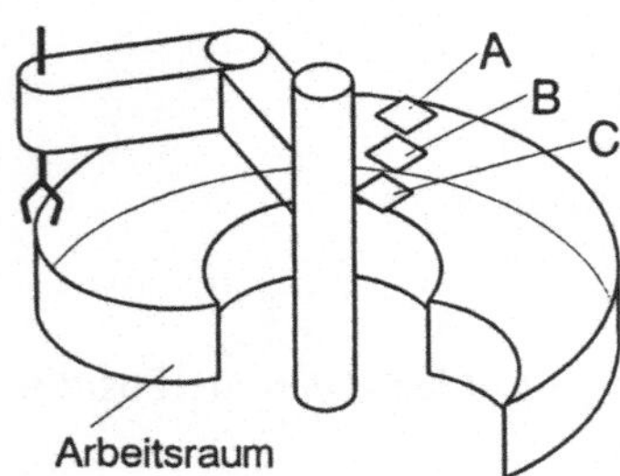

Bild 4.17
Arbeitsraum eines SCARA-Roboters (Draufsicht, vereinfacht)

4-12 Welche Unterscheidung wird bezüglich der Lastangabe bei einem Roboter gemacht?

4-13 Was verbirgt sich hinter der Abkürzung TCP?

4.4 Bewegungseinheiten

Diese Baugruppen sind im weitesten Sinne Getriebe und bestehen aus Gelenken und Gliedern. In Getrieben bezeichnet man Körper als Glieder, die beweglichen Verbindungsstellen heißen Gelenke. Ein Gelenk besteht aus 2 Elementen, je ein Element an einem Glied. Werden mehrere Glieder gelenkig aneinandergereiht, ergibt sich ein Gebilde, das man kinematische Kette nennt. Wird ein Glied davon als ruhendes Gestell bestimmt, dann bezeichnet man die kinematische Kette auch als Mechanismus. Wird nun wenigstens ein Glied angetrieben, dann haben wir ein Getriebe. Bei Robotern ist das Führungsgetriebe, das den Greifer bewegt, ein solcher angetriebener Mechanismus.

Gelenke können unterschiedlich beweglich sein. Typische Gelenke sind drehbeweglich (auch kugelbeweglich), schiebebeweglich und schraubenbeweglich (siehe dazu auch **Bild 4.3**).

Einige bewegte Getriebglieder haben Namen wie Kurbel, Schwinge, Schleife, Exzenter, Schieber und Koppel. Sie tauchen in der Handhabungstechnik in den verschiedensten Kombinationen auf. Was darunter zu verstehen ist, wird in **Bild 4.18** erklärt.

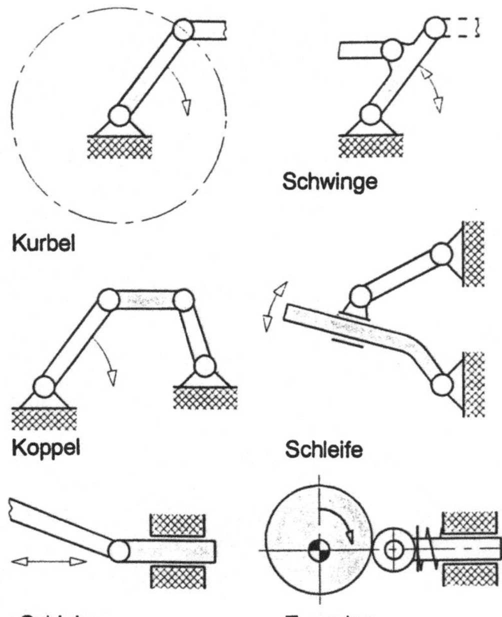

Bild 4.18
Einige typische Getriebeglieder

Was sind nun Führungen? Führungen sind Elemente des Maschinenbaus, die Relativbewegungen zwischen Maschinenteilen ermöglichen. Drehführungen werden allgemein als Lager (Rundführung) bezeichnet, Schiebeverbindungen als Geradführung. Wegen der geringeren Reibung werden oft Wälzführungen den Gleitführungen vorgezogen. Wälzführungen sind Kugellager, Kugelumlaufspindeln, Kugelbüchsen und Rollenumlaufschuhe. Das Konstruktionsprinzip einiger ausgewählter Führungen, wie sie im Roboterbau typisch sind, wird in **Bild 4.19** vorgestellt.

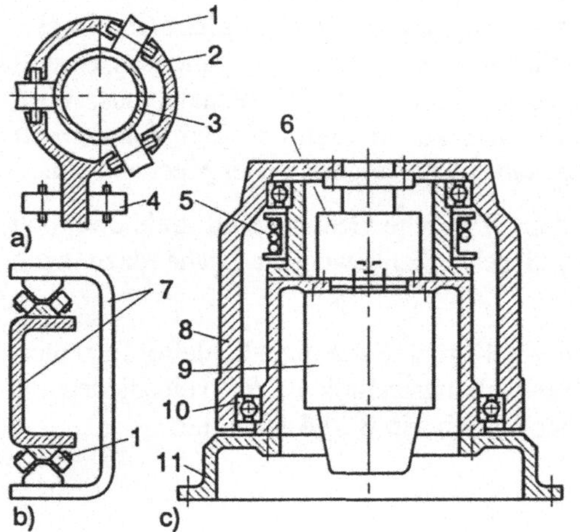

Bild 4.19
Einige Führungen
a) Rohrführung,
b) Profilführung,
c) Dreheinheit eines Industrieroboters,
1 Rolle,
2 Armrohr,
3 Führungsrohr,
4 Rolle zur Verdrehsicherung,
5 Kabeltrommel,
6 Getriebe,
7 Stahlprofil,
8 Drehturm,
9 Antriebsmotor,
10 Kugellager,
11 Gestell

5 Komponenten eines Industrieroboters

5.1 Ständer und Portale

Das Gestell ist das mechanische Grundelement eines Industrieroboters und dient der lagesicheren Anbringung der anderen Baugruppen. Es erfüllt als Ständer oder Portal tragende und stützende Funktionen. Gestelle sind ruhende Basisbaugruppen, an denen das Führungsgetriebe angebracht ist. Man versucht, die Antriebe nahe am Gestell unterzubringen, damit der ausladende Freiarm des Roboters möglichst wenig Masse bewegen muß. Oft ist im Ständer bereits die Achse 1, meistens eine Grunddrehachse, eingebaut. In solchen Fällen erfüllt der Ständer eine Doppelfunktion. Er ist Stützkonstruktion und Drehantrieb in einem. Es gibt allerdings auch Roboter ohne eigentliches Gestell. Das sind dann Anbauroboter, die man an den Maschinenkörper einer Arbeitsmaschine anbauen kann. Das Gestell ist gewissermaßen auf eine Anbauplatte reduziert. Die wichtigsten Gestellbauformen sind in **Bild 5.1** dargestellt.

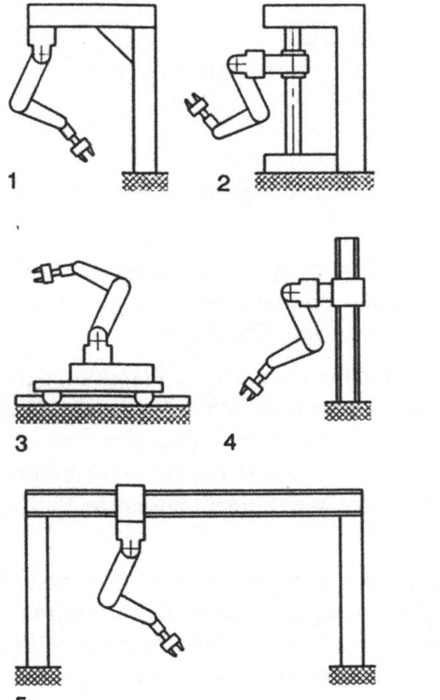

Bild 5.1
Gestellbauformen
1 Ausleger,
2 C-Gestell,
3 Fahrständer,
4 Säule,
5 Portal

Bei den Portalen lassen sich recht große Arbeitsräume erreichen. Das wird bei einer Mehrmaschinenbedienung gebraucht, aber auch für die Bearbeitung großer Objekte, wie z.B. im Schiffsbau, Kesselbau oder bei der Herstellung von Raketenbestandteilen. In

Bild 5.2 wird ein Kreuzportalroboter gezeigt, der von der NASA für die Booster-Produktion aufgestellt wurde. Der Teleskoparm hat in der Z-Achse einen Hub von 4,14 m. Booster sind Treibstoffbehälter, die im Rahmen des Shuttle-Programms als „Hilfsrakete“ im Kennedy Space Center in Florida hergestellt werden. Der Körper ist innen und außen zu schleifen, zu säubern, zu inspizieren, mit Urethan zu beschichten und erneut zu begutachten. Ein Sichtsystem unterstützt die programmierbaren Abläufe.

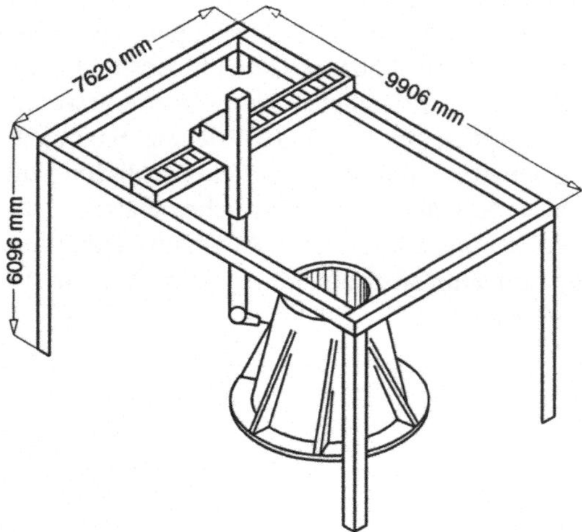

Bild 5.2
Großes Kreuzportallaufwerk für einen Industrieroboter

Es gibt auch Linienportale, die ein Fahrwerk besitzen, d.h. die gesamte Portalbrücke steht auf Rädern und verfährt auf Schienen.

Ein Wandportal, bei dem der Effektor im Freiheitsgrad 3 bewegt werden kann, wird in **Bild 5.3** vorgestellt. Solche Gestellaufbauten sind dann sinnvoll, wenn an größeren Objekten von der Seite gearbeitet werden muß, z.B. Bohren von Tischlerplatten.

Schließlich kann man auch Wand- und Deckenportal kombinieren. Aus 2 Wandportalen und einem darüber angeordneten Kreuzportal erhält man eine Arbeitszelle, in der ein Objekt gleichzeitig von 3 Seiten bearbeitet werden kann. Das ist z.B. eine interessante Ausrüstungsvariante, wenn man an größeren Objekten Schweißarbeiten auszuführen hat. Sie ist praktisch und raumsparend. Man kann so eine weitgehend autonome Fertigungszelle gestalten.

Bei kleinen oder bei sehr schnellen Portalrobotern werden übrigens anstelle mitfahrender auch traversierende Antriebe verwendet, um die bewegten Massen zu reduzieren. Bei traversierenden Antrieben ist der Motor ortsfest und zieht das anzutreibende Bauteil mit einem Zugmittelgetriebe, meist ein Synchronriemen, oder mit einer Spindel hin und her. Solche Antriebe werden bis zu 4 m Verfahrlänge eingesetzt. Der Wandportalroboter nach Bild 5.3 verfügt übrigens über traversierende Antriebe.

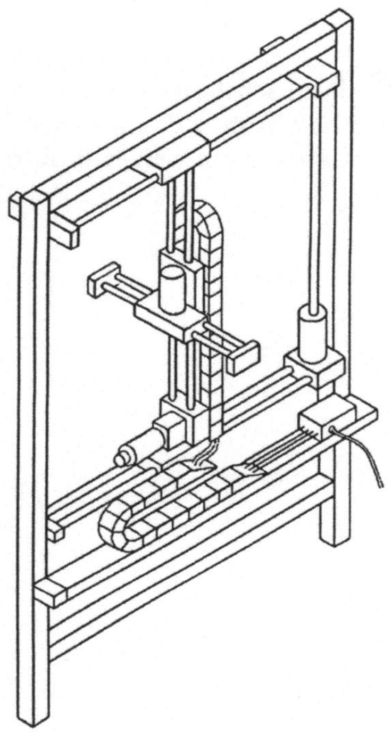

Bild 5.3
Wandportalroboter mit elektrisch angetriebenen Modulen (Positec/Berger-Lahr)

Zusammenfassend unterscheiden sich die Roboterbauweisen also in 4 Varianten:

- maschinengeflanschte Bauweise, sozusagen als „Huckepack-System",
- Festständerbauweise, als stationäres Arbeitsmittel,
- Portalbauweise, bei der der Roboter am tragenden Portal arbeitet und
- Bauweise mit verfahrbaren Ständern oder Portalen.

5.2 Führungsgetriebe

Das Führungsgetriebe ist ein mechanisches Gebilde, das sofort ins Auge fällt. Es führt das Arbeitsorgan, z.B. den Greifer samt Werkstück, auf bestimmten Bahnen in alle gewünschten und erreichbaren Positionen einer Fläche (Arbeitsfläche) oder eines Raumes (Arbeitsraum). Der Aufbau des Führungsgetriebes kann als kinematische Struktur bezeichnet werden. In der konstruktiven Ausbildung sind das typischerweise Linear-, Drehgelenk-, Teleskoparme und Parallelführungsgetriebe. Weil häufig ein Greifer bewegt wird, hat sich auch der Begriff „Greiferführungsgetriebe" eingebürgert. Ein Industrieroboter mit einem Führungsgetriebe vom Freiheitsgrad F=6, d.h. mit 6 steuerbaren Antrieben in den Gelenken einer offenen kinematischen Kette, kann den Effektor an jeden Ort und in jeder Ausrichtung im Arbeitsraum plazieren. Wir werden nun die Führungsgetriebe kennenlernen.

5.2.1 Lineararm

Lineararme sind Bestandteile von Führungsgetrieben mit einem Schubgelenk. Sie bestehen aus dem Führungsteil (Geradführung), dem Schlitten bzw. Arm, z.B. ein Röhrenarm, dem Antrieb und dem Meßsystem. Einige typische Ausführungen werden in **Bild 5.4** gezeigt.

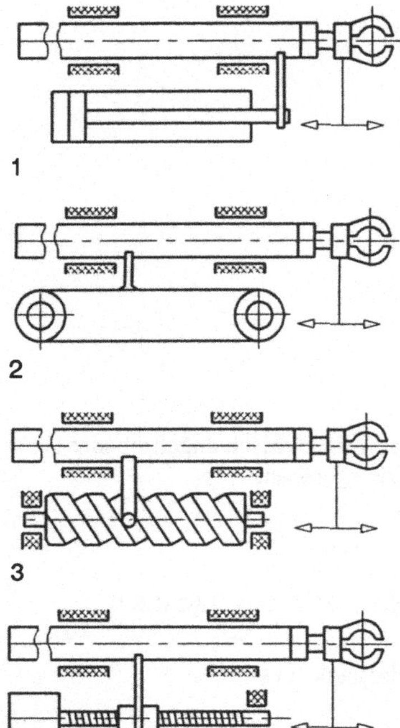

Bild 5.4
Verschiedene Möglichkeiten des Antriebs von Lineararmen
1 Arbeitszylinder,
2 Synchronriemen, Seil oder Kette,
3 Steilgewindewalze,
4 Gewindespindel mit Elektromotor

Der Antrieb kann elektromechanisch, hydraulisch oder pneumatisch erfolgen. Auch elektrische Linearmotore hat man schon verwendet.

Lineareinheiten werden auch gebraucht, wenn der gesamte Roboter längs eines Verfahrwegs (Schiene) aktiv werden soll. Bei langen Wegen, z.B. 10 m, scheiden Druckmittelantriebe mit Schubkolben aus. Dafür nimmt man Zahnstange-Ritzel-Systeme und Zugmittel (Kette, Riemen, Seil).

Vom Führungsteil wird ein ähnliches Verhalten erwartet, wie bei Werkzeugmaschinen: hohe Steifigkeit, hohe Nutzungsdauer, geringe Verschiebekraft ohne stick-slip (Ruckgleiten), geringer Schmierstoffbedarf, leichte Montier- und Justierbarkeit, hohe zulässige Verfahrgeschwindigkeiten, gutes Schwingungsverhalten und niedriger Preis. Das **Bild 5.5** zeigt eine typische Ausführung mit Laufrollen. Die linke Rolle sitzt auf einem Exzenterbolzen. Damit läßt sich das Spiel einstellen. Es werden auch Kugelumlaufführungen verwendet. Das sind Linear-Kugellager.

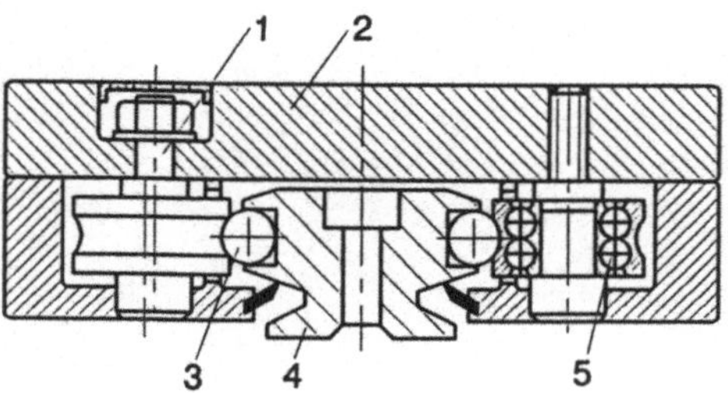

Bild 5.5
Typischer Aufbau einer einfachen Linearführung (INA)
1 Laufrolle auf Exzenterbolzen,
2 Führungswagen,
3 Tragprofil,
4 Schiene,
5 Kugellager

5.2.2 Drehgelenkarm

Drehgelenkarme sind Baueinheiten von Führungsgetrieben mit Drehgelenkstruktur. Sie werden dann eingesetzt, wenn das Verhältnis von Arbeits- und Kollisionsraum groß ist und hohe Arbeitsgeschwindigkeiten gefordert sind. Wie man die Antriebsbewegung an Drehgelenkarme ankoppeln kann, geht aus **Bild 5.6** hervor.

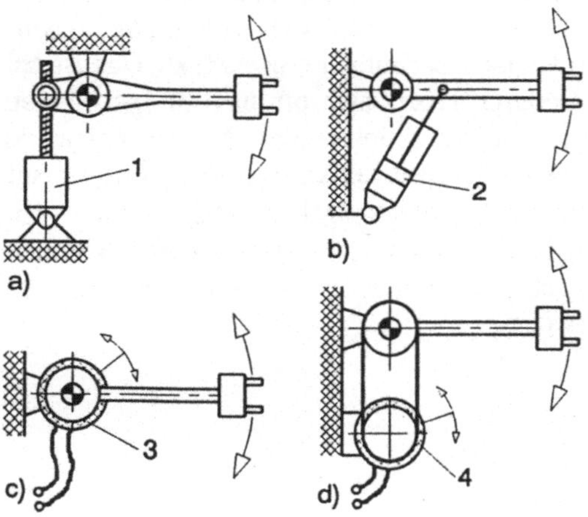

Bild 5.6
Verschiedene Möglichkeiten des Antriebs von Drehgelenkarmen
a) Gewindespindel mit Elektromotor 1,
b) hydraulischer oder pneumatischer Arbeitszylinder 2,
c) Direktantrieb mit Elektromotor 3,
d) Synchronriemen oder Kette in Verbindung mit Getriebemotor 4

Ein kompletter Roboterarm wird in **Bild 5.7** gezeigt. Durch die Drehgelenke kann das Arbeitsorgan nicht ohne weiteres auf einer geraden Linie geführt werden. Dazu sind immer mehrere Antriebe genau aufeinander abgestimmt in Gang zu setzen. Bei den Lineararmen ergibt sich dagegen eine exakt gerade Bahn „von allein", d.h. aus den Geradführungen, sofern die Gerade längs einer Bewegungsachse verläuft.

Drehgelenkarme können zentral oder dezentral angetrieben werden. Zentrale Antriebe sitzen auf dem Basisglied des Drehgelenkarmes und werden bei einer Armdrehung nicht mit bewegt. Die Weiterleitung von Bewegungen zu weiter entfernt liegenden Drehpunkten kann mit Parallelkurbelgetrieben (siehe dazu Bild 5.25) oder mit Zugmittelgetrieben erfolgen.

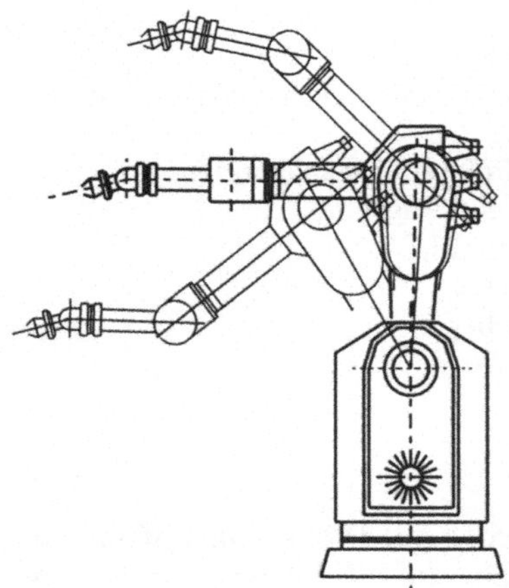

Bild 5.7
Beispiel für einen Industrieroboter, der nur Drehgelenke aufweist (KUKA)

5.2.3 Teleskoparm

Teleskoparme sind Führungsgetriebe, bei denen sich die ausfahrende Achse ähnlich verschiebt, wie bei einem Fotostativ. Ihr großer Vorteil ist, daß sich dadurch der ansonsten nötige Bewegungsfreiraum hinter dem Roboter bedeutend einschränkt. Das ist bei beengten Platzverhältnissen sehr wichtig. Dadurch lassen sich oft auch die peripheren Einrichtungen etwas freizügiger anordnen. Da solche Arme technisch aufwendiger zu realisieren sind, haben sie sich bisher nur wenig durchsetzen können. Eine Lösung auf pneumatischer Basis wird in **Bild 5.8** vereinfacht wiedergegeben. Werden nicht mit dargestellte justierbare Anschläge vorgesehen, dann lassen sich verschiedene Positionen anfahren. Allerdings ist dieser Arm dann trotzdem nicht freiprogrammierbar. Er wird also vor allem bei Einlegeeinrichtungen verwendet.

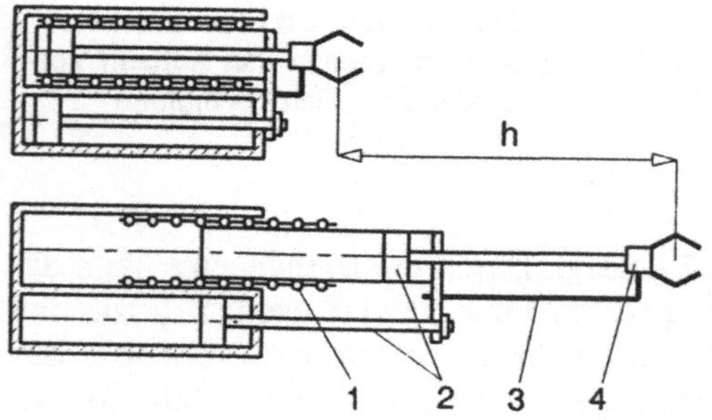

Bild 5.8
Pneumatischer Teleskoparm
1 Kugelkäfig,
2 Pneumatikzylinder,
3 Verdrehsicherung,
4 Greifer,
h Hublänge

5.2.4 Pendelarm

Um den Erfordernissen in der automatischen Kleinteilmontage möglichst gut zu entsprechen, hat man den Pendelarm entwickelt. Das ist eine ausfahrende Linearachse, die aber über eine kardanische (nach allen Seiten drehbare) Aufhängung im Masseschwerpunkt mit dem Gestell verbunden wurde. Das **Bild 5.9** zeigt den Arm an einem Ständer.

Es sind auch Portalvarianten gut realisierbar. Zusammen mit 3 Handdrehachsen ergibt sich eine 6achsige Kinematik mit der Struktur RRT/RRR (R = Rotation, T = Translation). Pro Pendelachse wird eine Winkelbeschleunigung von 760°/s^2 erreicht,was einer mittleren Bahnbeschleunigung von a = 10 m/s^2 am Greiferflansch entspricht. Die Nennlast beträgt 30 N.

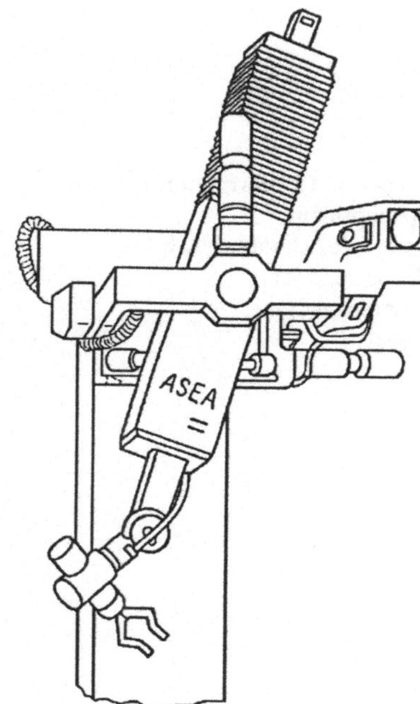

Bild 5.9
Pendelarmroboter in Ständerausführung

5.2.5 Geradführungsgetriebe

Vor allem in der Montage kommt es öfters vor, daß vom Führungsgetriebe eine geradlinige Bewegung erzeugt wird, die nicht das Ergebnis von mehreren programmierten Bewegungen ist. Das bieten kartesische Roboter immer, aber man kann das auch bei Drehgelenkstrukturen erreichen, wenn diese als Geradführungsgetriebe ausgelegt sind. In **Bild 5.10** werden einige Beispiele gezeigt.

Für alle Konstruktionen gilt, daß bei einer Schwenkbewegung des Armes sich der Greifer stets parallel über der Arbeitsfläche bewegt. Es gibt darüber hinaus noch viele andere Führungsgetriebe, von denen einige auch nur ungefähres Geradführen gewährleisten. Bei geringen Anforderungen kann das genügen, wobei diese Getriebe mitunter recht einfach sind.

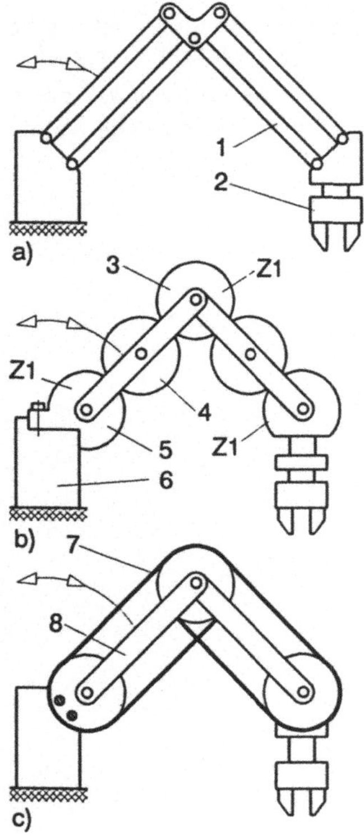

Bild 5.10
Parallelführungen für Greiferführungsgetriebe
a) Pantographenprinzip,
b) Übertragung mit Zahnradtrieben 1:1 (gleiche Zähnezahl Z1),
c) Synchronriemengetriebe,
1 Gelenkviereck,
2 Greifer,
3 Zahnrad,
4 Zwischenrad,
5 fixiertes Zahnrad,
6 Gestell,
7 Synchronriemen,
8 Gelenkarm

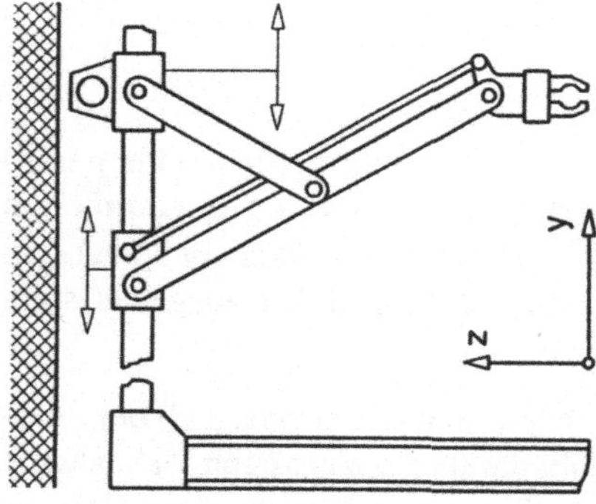

Bild 5.11
Handhabungseinrichtung, deren Z-Achse mit großem Hub auf der Basis eines Geradführungsgetriebes ausgeführt wurde (HLS).

In **Bild 5.11** wird ein Geradführungsgetriebe gezeigt, daß sich dadurch auszeichnet, daß in oberer Hubstellung keine Bauteile nach oben ragen. Es ist eine Spezialkonstruktion. Das System kann also bei niedriger Deckenhöhe gut eingesetzt werden. Beide Achsen, also Z und Y können auch gleichzeitig verfahren werden. Die Y-Achse muß um den Betrag des Hubs verlängert sein, damit an jeder Stelle die Hubbeweglichkeit gesichert ist. Nachteilig ist, daß der Arm nicht in enge Zwischenräume eintauchen kann, weil das Armgestänge beim Z-Hub eine bogenförmige Bewegung ausführt. Solche Sonderlösungen sind vor allem beim Be- und Entladen von Maschinen interessant.

5.2.6 Scherenarm

Scherenarme sind Hebelgetriebe, die in der Robotertechnik gelegentlich als Hubachse eingesetzt werden. Im eingefahrenem Zustand entfällt jeglicher Überstand nach oben, was günstig ist. Nachteilig ist an dieser Ausführung die Nachgiebigkeit (Weichheit) des Armes, insbesondere beim Verfahren quer zur Hubrichtung. Die Bolzen der Scherenglieder müssen in einer Geradführungsnut gehalten werden, d.h. man hebt erst die Last an, ehe eine Querverschiebung ausgeführt wird. Die Hubbewegung kann per Seilzug oder mit Hubzylinder erfolgen. Für präzises Positionieren ist der Scherenarm wegen seiner vielen Gelenke nicht geeignet. Er wird gelegentlich auch als mobiles Element an Kreisförderanlagen verwendet, z.B. zur Handhabung von Kleinteilebehältern in Lagern, Kommissionierbereichen und Bereitstellsystemen. Das Prinzip zeigt das **Bild 5.12**.

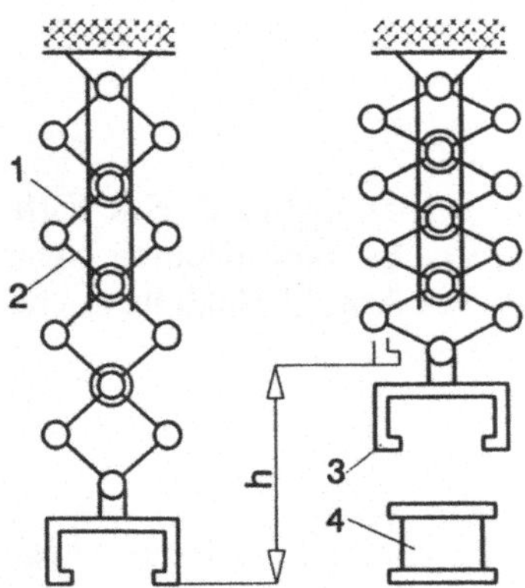

Bild 5.12
Scherenarm als Hubachse
1 Geradführung,
2 Hebelgetriebe,
3 Greiforgan,
4 Transportbehälter,
h Hubhöhe

5.2.7 Rüsselarm

Für das Beschichten von Gegenständen mit Farbe, Lack, Unterbodenschutz, Emailleschlicker u.a. ist ein Roboterarm (Unterarm) sinnvoll, der die Beweglichkeit des menschlichen Handgelenks versucht nachzuahmen. Dafür fehlt es nicht an biologischen Vorbildern, wie z.B. Schlange und Elefantenrüssel. Auch die Wirbelsäule ist ein gutes Konstruktionsbeispiel. Weil Wirbelsäule im Englischen *spine* heißt, bezeichnet man Roboter mit einem solchen Arm auch als Spine-Roboter. Es ist deshalb nicht verwunderlich, daß die in **Bild 5.13** gezeigte Konstruktion für einen Rüsselarm deutlich einer Wirbelsäule ähnelt. Gewölbte Scheibenkörper erlauben eine räumliche Auslenkung. Die Bewegung wird über Seilzüge realisiert. Ein dünnes Seil kann natürlich nur Zugkräfte übertragen. Der Arm wird also über mehrere am Umfang verteilte Seile in die gewünschte Krümmung gezogen. Die Antriebsmotore können entfernt vom Greiferflansch untergebracht sein, z.B. im Armstumpf. Es gibt aber auch andere Varianten.

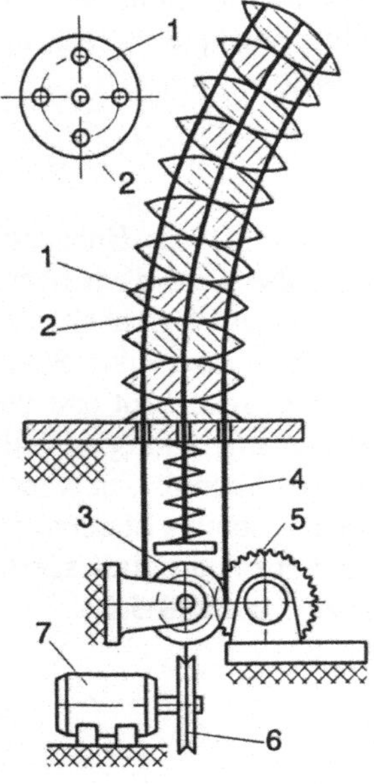

Bild 5.13
Prinzip eines Rüsselarms
1 Scheibenkörper,
2 Zugseil,
3 Seilrolle,
4 Feder zur Straffhaltung,
5 Antrieb Achse 1,
6 Seilrolle für Achse 2,
7 Antriebsmotor Achse 2

Durch die zweidimensionale Bewegung, die ein Rüsselarm erlaubt, kann z.B. eine Farbspritzpistole in einem großen Winkelbereich geführt werden. Es kann dadurch sogar nach „hinten" gespritzt werden. Das ist interesssant, wenn der Arm in Hohlräume eindringt und rückwärtige Innenflächen zu beschichten sind.

5.2.8 Parallelarm

Das sind Arme mit paralleler kinematischer Struktur, auch als parallele Topologie (Lage und Anordnung geometrischer Gebilde im Raum) bezeichnet. So aufgebaute Roboter nennt man deshalb auch Parallelroboter. Das besondere daran ist, daß alle Antriebe in gleicher Richtung ausfahren. Man sieht das im **Bild 5.14** recht gut.

Das leichte spinnenartige Führungsgetriebe wird von elektrischen Schrittmotoren bewegt. Drei Antriebe ergeben den Freiheitsgrad 3 für die Ortsveränderung des Greifers im Raum. Ein vierter Antrieb dient zur Betätigung des Greifers und das zählt bekanntlich nicht als Freiheitsgrad. Die geringe Masse des Parallelarms läßt sehr große Beschleunigungen zu, so daß diese Bauart besonders für Verpackungszwecke, z.B. Einlegen von Pralinen in Blisterverpackungen, vorteilhaft eingesetzt werden kann. Große Kräfte hält dieser Arm allerdings nicht aus. Es gibt aber auch Parallelarme, bei denen die Greiferanschlußplatte über kräftige Kugelrollspindeln angetrieben wird. Ein solcher Roboter kann sehr große Prozeßkräfte entwickeln, z.B. für das Einpressen von Buchsen. Das ist mit freiem Arm keineswegs möglich. Außerdem erreicht er seine Positionen sehr genau. Der Roboter kann z.B. als eine sich selbst beschickende Presse eingesetzt werden.

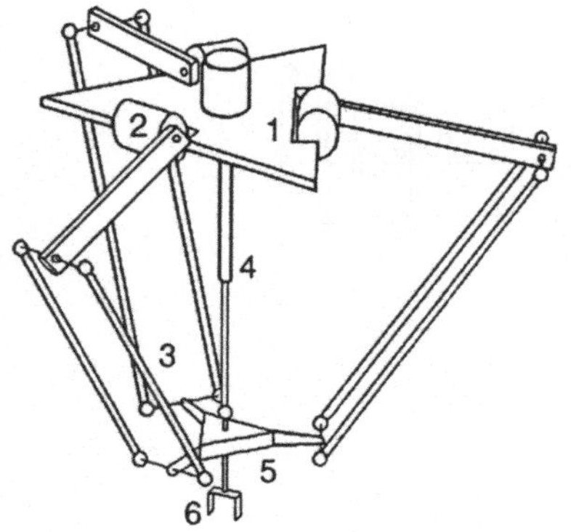

Bild 5.14
Kinematische Struktur des Parallelroboters Aria Delta für kleine Handhabungsmassen (Demaurex, Schweiz)
1 Grundplatte,
2 Schrittmotor,
3 Armgestänge,
4 Greiferbetätigung,
5 Greiferanschlußplatte,
6 Backengreifer oder auch Sauger

5.2.9 Baukastensysteme

Seit Jahren sind Baukastensysteme recht erfolgreich für den Aufbau von Einlegeeinrichtungen in Anwendung. Es gibt sie sowohl mit pneumatischem als auch elektrischem Antrieb. Im Prinzip baut man problemgebundene Führungsgetriebe aus Dreh- und Lineareinheiten verschiedener Baugrößen zusammen. Aufgabenangepaßte Strukturen sind billiger und deshalb für den Anwender interessant.

Es gibt aber auch Baukästen mit freiprogrammierbaren Achsen, so daß sich Industrieroboter gemäß Definition zusammensetzen lassen. In **Bild 5.15** wird ein Beispiel gezeigt. Es ist ein als Doppelwürfel gestalteter Rotationsmodul von 70 x 70 mm Kantenlänge.

Es ist erkennbar, daß der Modul den Antrieb und die Steuerung zur Abarbeitung von Fahr-, Geschwindigkeits- und Positionskommandos enthält (Prinzip der verteilten Intelligenz). Außerdem ist ein dazu erforderliches Kommunikationsinterface zur seriellen Ankopplung an einen Steuerrechner vorhanden. Das Wegmeßsystem löst eine Umdrehung z.B. in 1000 Impulse auf.

Wie die verschiedenen Zusammenbauvorschläge zeigen, sind alle gängigen Roboterstrukturen realisierbar. Diese Roboter sind natürlich keine Schwerlastarbeiter. Sie sind in der gezeigten Ausführung vor allem für die Kleinteilehandhabung und für Ausbildungszwecke zu verwenden.

Es gibt natürlich auch Baukastensysteme für hochbelastbare Roboterstrukturen. Dazu werden in **Bild 5.16** Komponenten und Aufbauten gezeigt. Es sind sowohl Pick-and-Place Geräte herstellbar als auch bahngesteuerte Roboter mit bis zu 6 Achsen. Im letztgenannten Fall enthalten die Antriebe Wegmeßsysteme. Es kann pneumatisch, hydraulisch oder elektrisch angetrieben werden. Außerdem stehen die Einheiten in 5 Baugrößen zur Verfügung, so daß ein Nutzmassebereich von 1 bis 1000 kg abgedeckt werden kann. Natürlich gibt es dazu auch die passenden elektrischen, pneumatischen oder hydraulischen Greifermodule. Damit lassen sich Handhabungseinrichtungen aufbauen, die durchgängig mit einer Energieart betrieben werden können. Systeme dieser Art sind im Sondermaschinenbau sehr gefragt, z.B. zur automatisierten Werkstückhandhabung in Transferstraßen und in der Beschickung von Umformmaschinen.

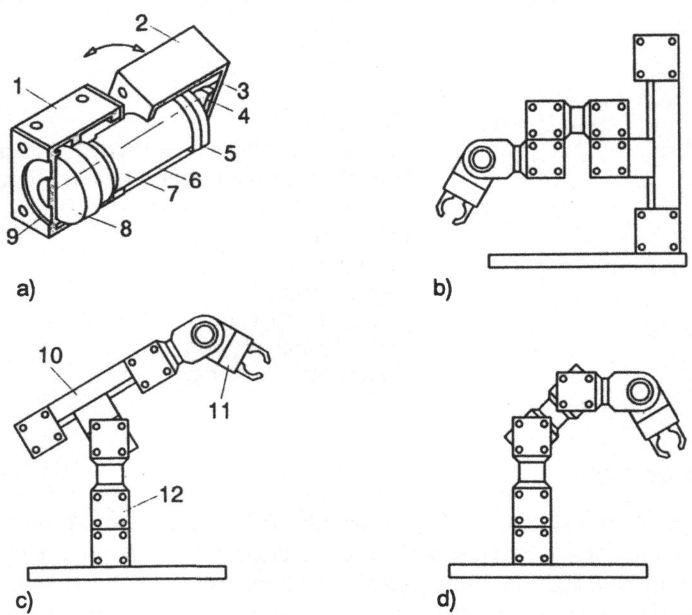

Bild 5.15 Baukastensystem für Roboter (AMTEC/Additive)
a) Schnittdarstellung,
b) SCARA-Bauart,
c) Roboter mit sphärischem Arbeitsraum,
d) Roboter mit DDD/D-Struktur (D = Drehen)
1 Abtrieb, 2 Antriebsseite, 3 Prozessorplatine, 4 Motorbremse, 5 inkrementaler Geber, 6 Leistungselektronik, 7 DC-Motor (DC = direct current motor; Gleichstrommotor), 8 Harmonic-Drive-Getriebe, 9 Zentrierabsatz, 10 Lineareinheit, 11 Greifereinheit, 12 Dreheinheit

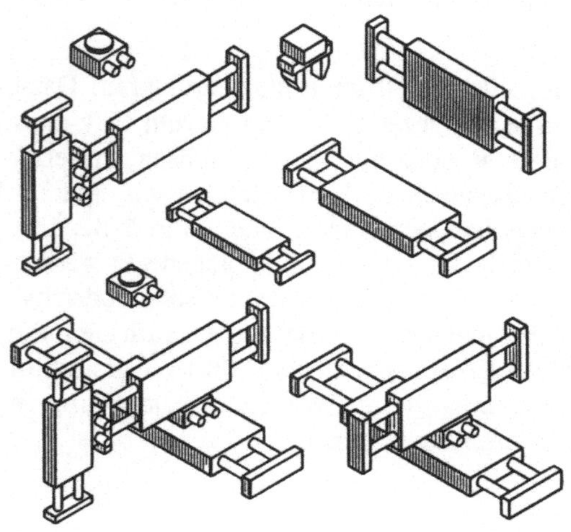

Bild 5.16
Baukasten für modulare Handhabungseinrichtungen (Fibro)

5.3 Roboterantriebe

Der Antrieb muß das möglichst schnelle und genaue Anfahren beliebiger Positionen im Arbeitsraum bei kinematischer Unabhängigkeit der einzelnen Bewegungsachsen gestatten. Das bedeutet unabhängige, lagegeregelte oder durch Schrittantrieb erzeugte Bewegungen. Konstruktive Anforderungen sind kleine Masse, kleines Bauvolumen, große Energiedichte und gute Regelbarkeit. Für den Industrieroboter kommen elektrische Antriebe wegen der günstigen dynamischen Eigenschaften und der konstruktiv einfachen Energie- und Signalübertragung bevorzugt zum Einsatz. Hydraulische Antriebe eignen sich wegen der erreichbaren hohen Energiedichte besonders für den Schwerlastbereich. Auch in explosionsgefährdeten Räumen greift man auf die Hydraulik zurück. Druckluft kommt in servopneumatischen Antrieben zur Anwendung, z.B. bei schnellen Leiterplattenbestückungs-Robotern. Sie sind ebenfalls frei programmierbar. Normale Druckluftantriebe werden hauptsächlich bei Einlegeeinrichtungen angewendet. Elektrische Schrittmotoren kommen bei Kleinrobotern häufig vor, z.B. bei Robotern für Lehre und Ausbildung.

5.3.1 Elektrische Antriebe

Die elektrischen Antriebssysteme sind sehr zuverlässig, lassen sich in ihrer Drehzahl gut regeln und laufen schnell und unproblematisch nach einem Energieausfall an. Als Antriebe kommen Gleichstrommotoren in Schlankankerausführung, Hohlläufermotoren und Scheibenläufermotoren zur Anwendung. In **Bild 5.17** werden diese Bauformen gezeigt.

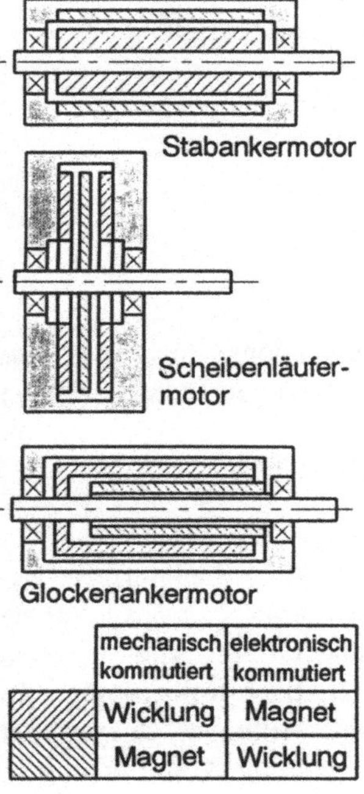

	mechanisch kommutiert	elektronisch kommutiert
(schraffiert /)	Wicklung	Magnet
(schraffiert \)	Magnet	Wicklung

Bild 5.17
Bauformen von Gleichstrommotoren

Die Kommutierung (Umkehren der Stromrichtung) kann mechanisch oder elektrisch vorgenommen werden. Mechanisches Kommutieren geschieht über Kollektoren und Kohlebürsten, das elektronische Kommutieren geschieht berührungslos mit einem Rotorpositionsgeber. Außerdem setzt man Synchron-, Asynchron-, Schritt- und Linearmotoren ein.

Die Motoren sollen möglichst nahe am Gestell des Roboters angebracht sein, damit nur geringe Trägheitskräfte beim Armschwenken des Roboters auftreten. Die zu beschleunigende Masse (Schwungmasse) soll klein sein, weil die Motorgröße meistens von der Beschleunigung abhängt und nicht so sehr von der Robotertragkraft. Beim Scheibenläufermotor besteht die drehende Masse nur aus einer Scheibe mit aufgedruckter Ankerwicklung.

Bestandteile des Motors können eine elektromagnetische Bremse, ein Tachogenerator zur Feststellung der Istdrehzahl und ein Wegmeßsystem sein, z.B. ein inkrementaler Winkelgeber.

Wie ein Elektromotor in einen Lageregelkreis eingebunden wird, das zeigt **Bild 5.18**. Istposition und Istdrehzahl werden zurückgeführt und mit den vom Programm vorgegebenen Sollwerten verglichen.

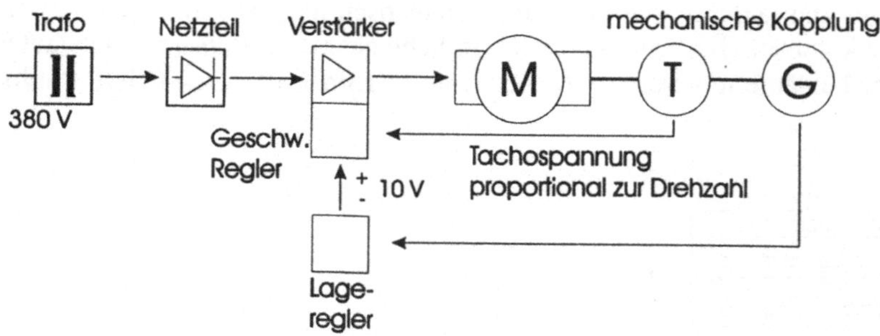

Bild 5.18 Prinzip eines elektromechanischen Roboterantriebs
G Wegmeßsystem, Weggeber, M Motor, T Tachogenerator

Aus der Differenz werden dann vom Regler korrigierende Aktionen ausgelöst. Das braucht man natürlich für jede Bewegungsachse, bei einem 6achsigen Industrieroboter eben sechsmal.

5.3.2 Fluidische Antriebe

Zu den fluidischen Antrieben zählen hydraulische und pneumatische Stellantriebe. Hydraulik kann sehr große Kräfte entwickeln und mit solchen Antrieben ausgestattete Roboter werden z.B. in der Hüttenindustrie und beim Schmieden eingesetzt. Typisch sind Arbeitszylinder mit Scheibenkolben und ein- oder zweiseitiger Kolbenstange. In **Bild 5.19** wird eine Lineareinheit gezeigt, die mit Tauchkolben (Plunger) ausgestattet ist. Ein solcher Kolben baut klein, kann aber nur in einer Richtung Kräfte erzeugen.

Deshalb müssen zwei Tauchkolben eingesetzt werden, damit auch die Rückstellung gewährleistet ist. Übrigens kann die Innenbearbeitung des Zylinderraums entfallen. Es genügt eine Dichtung. Auch drehende hydraulische Motoren wurden schon für Roboter verwendet, z.B. in der Grunddreheinheit. Die zulässigen Verfahrgeschwindigkeiten mit < 4 m/s liegen unter denen der elektrischen Antriebe. Die Steuerung des Ölstromes wird über Proportional- oder Servoventile realisiert.

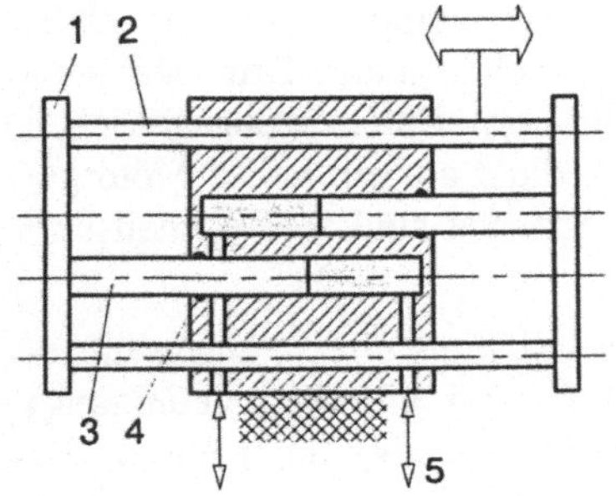

Bild 5.19
Hydraulische Lineareinheit mit Tauchkolben
1 Anschlußplatte,
2 Führung,
3 Tauchkolben,
4 Dichtung,
5 Druckölanschluß

Hydraulische Stellmotoren lassen sich genauso wie elektrische Antriebe in Lageregelkreise einbinden. Das ist in neuerer Zeit auch für pneumatische Antriebe gelungen. Wegen der Zusammendrückbarkeit der Luft war das besonders schwierig. Wie eine solche Regeleinheit aussieht, ist in **Bild 5.20** zu sehen. Der Pneumatikzylinder wird über ein 5/4 Proportionalventil direkt gesteuert (5 = fünf gesteuerte Leitungen; 4 = vier Schaltstellungen des Steuerschiebers).

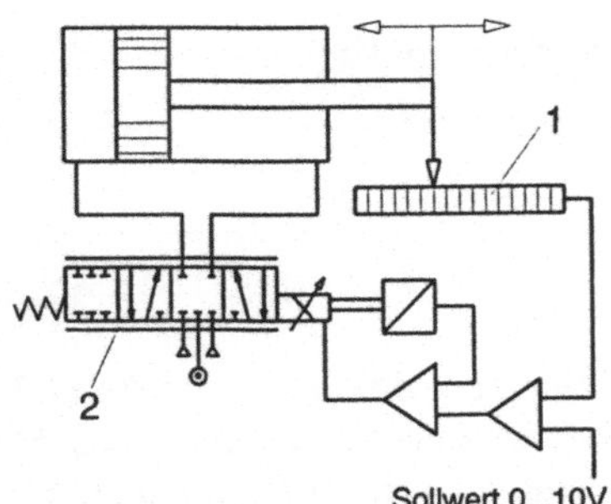

Bild 5.20
Regeleinheit für pneumatische Handhabungsmodule, auch als Servopneumatik bezeichnet
1 Wegmeßsystem,
2 Proportionalventil

Der Weg wird z.B. mit einem Wegpotentiometer verfolgt. Servopneumatische Lineareinheiten werden gern bei Robotern zur Bestückung von Leiterplatten mit Bauelementen eingesetzt, weil sie bei guter Wiederholgenauigkeit sehr schnell positionieren. Man erreicht Zykluszeiten bis etwa 1,6 s.

5.3.3 Direktantriebe

Es ist ein erstrebenswertes Ziel, ein Führungsgetriebe „direkt“ anzutreiben, denn dadurch werden Getriebespiele, Umkehrspanne (bei Drehrichtungswechsel), Getriebeverluste, zusätzliche Trägheitsmomente und Übertragungsfehler vermieden. Direktantrieb heißt also, daß sich zwischen Motor und bewegtem Arm keinerlei Getriebe befindet. Das ist mit fluidischen Antrieben und speziell ausgelegten Elektromotoren möglich. Ein solcher Motor (DD-Motor; DD = direct drive) muß bei sehr kleiner Drehzahl ein hohes Drehmoment erzeugen. Deshalb wird er auch als Drehmomentmotor bezeichnet. Üblicherweise ist das anders. Die Elektromotoren arbeiten nämlich in hohen Drehzahlbereichen und das erforderliche Drehmoment wird mit Hilfe von Untersetzungsgetrieben erreicht. Drehmomentmotoren kommen aber technisch bedingt auf ein hohes Motorgewicht. Deshalb werden sie bisher nur vereinzelt eingesetzt. Sie sind aber schnell und präzise genau.

Elektrische Linearmotoren in bürstenloser Technik eignen sich als direkte Längsantriebe. Sie erreichen große Beschleunigungen (etwa 5g = 50 m/s^2; g = Erdbeschleunigung) und Verfahrgeschwindigkeiten bis etwa 5 m/s. Ihr Vorteil liegt aber nicht nur in der hohen Endgeschwindigkeit, sondern vor allem in der kürzeren Positionierzeit, bedingt durch kurze Einschwingzeiten und hohe Regelsteifigkeit. Auch bei sehr kleinen Geschwindigkeiten zeigen sich wichtige Vorteile. Da bewegliche Teile wie Spindeln und Kupplungen nicht mehr im Kraftfluß enthalten sind, wird auch eine hohe Geschwindigkeitskonstanz erreicht, z.B. bei v = 0,2 mm/s eine Geschwindigkeitsgenauigkeit von etwa 0,1%. Das praktische Umkehrspiel, wenn sich also die Bewegungsrichtung ändert, hängt vom Längenmeßsystem ab. Ist dessen Auflösung 1 µm, dann ist das Umkehrspiel etwa ± 1 µm.

Kontrollfragen

5-1 Welche Antriebssysteme werden bei Industrierobotern verwendet?

5-2 Welches Antriebssystem wird in der heutigen Zeit bevorzugt?

5.4 Getriebe und Übertragungselemente

Antriebsmotoren erzeugen in der Regel hochtourige Drehungen, die über Getriebe und Strukturelemente den Erfordernissen einer sinnvollen Roboter-Handbewegung angepaßt werden müssen. Dazu dienen Zahnrad- und Exzentergetriebe sowie Zugmittelgetriebe, Gewindespindeln und Kardanwellen als Übertragungselemente. Es liegen sehr anspruchsvolle Anforderungen vor, wie z.B. kleines Bauvolumen, wenig Masse, kleines Massenträgheitsmoment und möglichst Spielfreiheit.

5.4.1 Rädergetriebe

Stirnradgetriebe werden meistens im niedertourigen Bereich eingesetzt, z.B. zur Hauptdrehung (1. Achse) oder für die Handdrehung. Kegelräder können Antriebsbewegungen umlenken und führen zu recht kompakter Bauweise. Kegelradgetriebe werden in Verbindung mit Hohlwellen verwendet, um mehrere Drehungen im Handantriebsbereich zu erzeugen. Bei den Handachsengetrieben ist man bestrebt, die Achsen so zu gestalten, daß sie sich in einem Punkt schneiden. Das ist für die Steuerung einfacher zu beherrschen. Das **Bild 5.21** zeigt ein Beispiel.

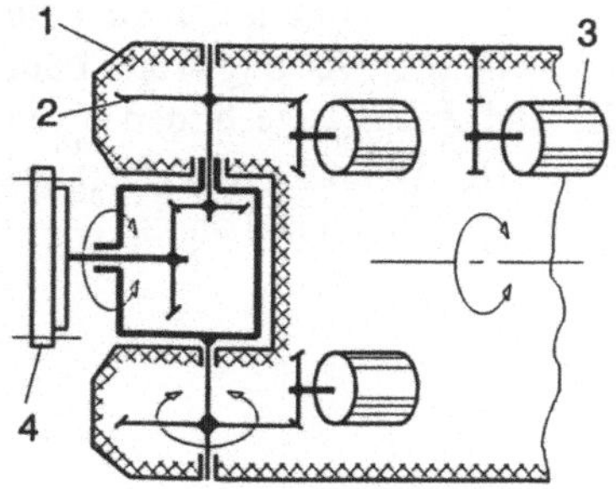

Bild 5.21
Mechanische Achskopplung des Handachsensystems mit Stirn- und Kegelrädern
1 Roboterarm,
2 Kegelrad,
3 Antriebsmotor mit Rädergetriebe,
4 Handachsenflansch

Um Drehzahlen in den niedertourigen Bereich umzusetzen, werden u.a. Planetengetriebe, Cyclo-Getriebe und Wellgetriebe verwendet. Die Wellgetriebe sind Exzentergetriebe, die man im Roboterbau sehr häufig einsetzt und die auch unter dem Markennamen Harmonic-Drive-Getriebe bekannt geworden sind. Das **Bild 5.22** zeigt eine Ausführung. Etwa 80% aller elektromechanisch angetriebenen Roboter sind damit ausgerüstet. Das Getriebe wurde 1959 in den USA von C.W. Musser erfunden. Zur Funktion: Ein außenverzahnter Stahlring wird permanent durch ein elliptisches Innenteil mit aufgezogenem Dünnring-Kugellager verformt. Dadurch greift in den beiden Bereichen der großen Ellipsenhauptachse die Verzahnung des Flexspline in die Innenverzahnung des runden starren Stahlrings ein. Dieser hat zwei Zähne mehr als der Flexspline, wodurch bei einer Umdrehung am Antrieb eine kleine entgegengesetzte Relativbewegung zwischen diesen beiden Bauteilen entsteht. Dadurch kommt man auf Drehzahlübersetzungen von 50:1 bis 320:1 in nur einer Getriebestufe. Übrigens wurde dieser Getriebetyp auch am Radantrieb des von Apollo 11 zum Mond transportierten Moon Rover eingesetzt.

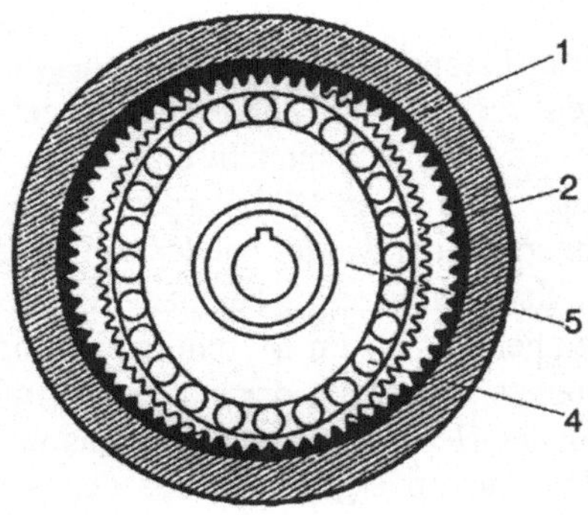

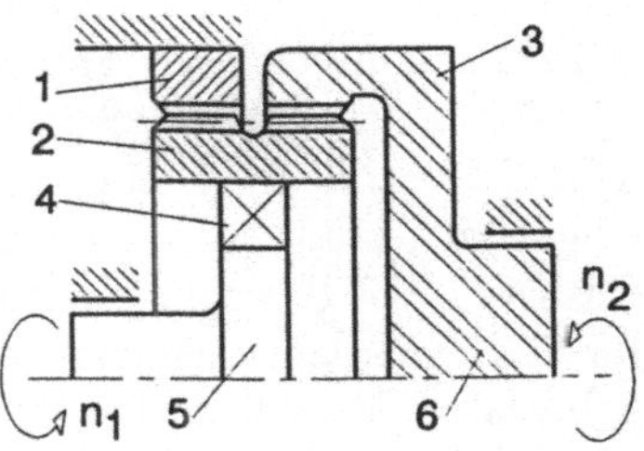

Bild 5.22 Harmonic-Drive-Getriebe
1 starrer innenverzahnter Ring (circular spline), 2 elastische außenverzahnte Buchse (flex spline), 3 abtreibendes Rad, 4 Kugellager, 5 antreibende Ovalscheibe (wave generator), 6 abtreibende Welle, n Drehzahl

5.4.2 Zugmittelgetriebe

Das sind Getriebe, bei denen ein Zugorgan zur Bewegungsübertragung eingesetzt wird, also Seile, Riemen, Ketten und im Hinblick auf die Handhabungstechnik auch Synchronriemen (Zahnriemen). Einige typische Varianten zeigt das **Bild 5.23**. Eine Kombination von Zahnstange und treibendem Synchronriemen hat den Vorteil, daß sich die Antriebslast auf viele Zähne verteilt und dadurch ein geräuscharmer wartungsfreier Lauf erreicht wird. Zahnritzel, Synchronriemen, Umlenkrolle und Zahnstange bilden einen spielfreien Umschlingungstrieb mit hohem Wirkungsgrad. Die Dehnung des Riemens ist bei dieser Bauart vernachlässigbar klein und von der Verfahrlänge unabhängig.

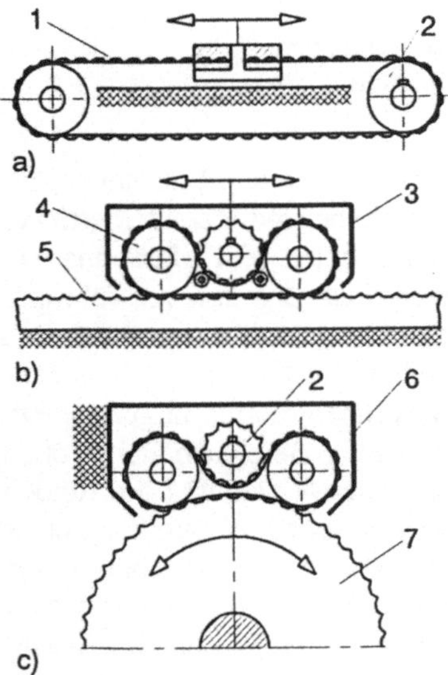

Bild 5.23
Bewegungseinheiten mit Synchronriemen
a) Linearschlitten,
b) Schlitten mit Zahnstangenkopplung,
c) Drehantrieb,
1 Synchronriemen,
2 Antriebsrad,
3 Schlitten,
4 Umlenkrad,
5 Zahnstange,
6 Abdeckung,
7 Zahnrad

5.4.3 Spindelgetriebe

Mit Spindelgetrieben lassen sich genaue Translationsbewegungen mit entsprechendem Vorschub und großen Haltekräften erzeugen, die z.B. ein Zahnstange-Ritzel-Getriebe überfordern würden. Es werden fast immer Kugelumlaufspindeln eingesetzt. Das sind Wälzschraubtriebe, d.h. Spindel und Mutter sind über Wälzkörper gekoppelt. Die mitrollenden Kugeln werden über Kanäle innerhalb der Mutter wieder zurückgeführt. In **Bild 5.24** wird ein Drehgelenkroboter im Schema gezeigt, bei dem Spindelgetriebe eingesetzt wurden. Die schweren Antriebseinheiten sind im Maschinenfuß angeordnet. Das ist für das Bewegungsverhalten des Roboters vorteilhaft, der in diesem Aufbau gern für Schweißarbeiten genommen wird. Vertikales Heben wird hier übrigens nicht durch Schwenken um einen Gelenkpunkt erreicht, sondern ergibt sich aus der Verstellung eines Gelenkvierecks. Die Folge ist, daß die Begrenzungen des Arbeitsraumes nicht exakt kreisförmig sind.

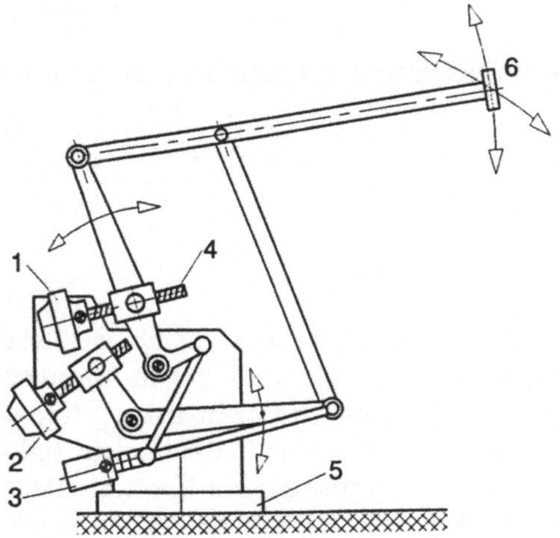

Bild 5.24
Drehgelenkroboter mit Spindel-Mutter-Getriebe (nach KUKA)
1 Antriebseinheit für die Horizontalbewegung,
2 Antriebseinheit für die Vertikalbewegung,
3 Druckzylinder, der Nutzlast und Armgewicht ausgleicht,
4 Kugelrollspindel,
5 Basisdreheinheit,
6 Anschlußflansch

5.4.4 Parallelkurbelgetriebe

Das sind Mechanismen, die zur Weiterleitung einer zentralen Antriebsbewegung auf ein Armstück, z.B. auch zum Handgelenk, dienen. Das Prinzip wird in **Bild 5.25** vorgestellt. In Basisnähe sind die beiden Antriebe M1 und M2 angeordnet. Über Kurbelscheiben und Koppelstangen führt man die Drehbewegung über ein Gelenk hinweg bis zum entfernt angebrachten Handgelenk. Die Stellung der Handachsen bleibt auch erhalten, wenn z.B. der Unterarm bewegt wird. Da die Antriebsmotoren fast zentral angesetzt sind, erhält man ein gutes dynamisches Verhalten. Um die Greiferdrehung zu erzeugen muß allerdings zur Bewegungsumlenkung ein Kegelradgetriebe angeordnet werden.

Parallelkurbelgetriebe müssen sehr genau hergestellt werden (Einhaltung der Parallelogramm-Abmessungen), damit sich nichts verklemmt. Sie werden deshalb heute nur noch wenig eingesetzt. Die Koppelstangen befinden sich übrigens im hohlen Arm und sind von außen nicht sichtbar.

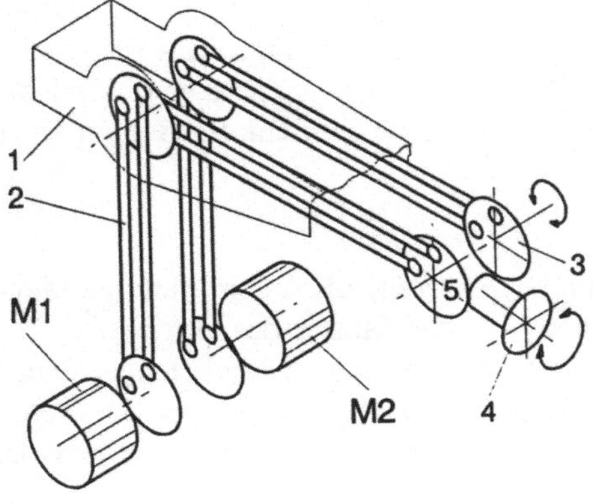

Bild 5.25
Bewegungsübertragung mit einem Parallelkurbelgetriebe bei einem Drehgelenkroboter (ASEA)
1 Unterarm des Roboters,
2 Verbindungsstangen, Koppelstange,
3 Drehscheibe, Kurbelscheibe,
4 Greifer,
5 Kegelradtrieb,
M Antriebsmotor mit Harmonic-Drive-Getriebe und Wegmeßsystem

Kontrollfragen

5-3 Durch welche Maschinenelemente findet die Kraftübertragung bei Industrierobotern statt?

5-4 Welche Getriebe setzt man bei Industrierobotern ein?

5.5 Wegmeßsysteme

Der gesunde Mensch kann eine zielgenaue Bewegung problemlos ausführen. Dabei nimmt er seine Sinne, z.B. den Tastsinn und bzw. oder das Auge ausgiebig in Anspruch. Genauso kommt eine präzise Roboterbewegung zustande, nur unter Mitwirkung technischer Sinne, den Sensoren. Die wichtigsten „inneren" Sensoren sind bei einem Industrieroboter die Wegmeßsysteme. Je Achse wird ein Wegmeßsystem benötigt. Dabei steht der Terminus „Weg" auch für Drehwinkel, denn einige Wege werden durch eine Spindelbewegung erzeugt. Eine Lageregelung ist nur mit Wegmeßsystemen realisierbar. Die Auflösung des Meßsystems ist für die Positioniergenauigkeit ausschlaggebend.

5.5.1 Einteilung der Wegmeßsysteme

Wegmeßsysteme lassen sich grundsätzlich in analoge und digitale Systeme einteilen. Analog bedeutet, daß man ein stetiges Signal über den Meßweg (die Position) erhält und zwar analog zu einer physikalischen Größe, z.B. einem elektrischen Widerstand. Digital bedeutet, daß dem Verfahrweg jeweils nach gleichgroßen Schritten ein neuer Zahlenwert zugeordnet wird. Es werden also Schritte (Inkremente) gezählt. Des weiteren werden die Wegmeßsysteme in drei Verfahrensgruppen gegliedert. Das sind:

- absolute Weggeber

Dazu gehören Potentiometer und codierte Maßverkörperungen. Letztere können optisch oder magnetisch gelesen werden. Jede Stellung der Bewegungsachse entspricht einem Meßwert, der auf einen Nullpunkt bezogen ist.

- relative Weggeber

Sie sind besser als Inkrementalgeber bekannt. Es sind Strichmuster, die optisch oder magnetisch gelesen werden. Eine bestimmte Wegstrecke entspricht einer bestimmten Anzahl von Strichen (Inkrementen). Die Wegangabe bezieht sich immer auf den vorherigen Positionswert oder einen Referenzpunkt. Dieser erfüllt gewissermaßen die Funktion eines Ersatz-Nullpunktes. Er befindet sich aber in der Regel nicht am Beginn einer Bewegungsachse.

- zyklisch-absolute Weggeber

Das sind absolute Geber, die aber nur auf einem kurzen Weg, z.B. 2 mm, richtige Wegangaben liefern. Bei größeren Wegen wiederholt sich das Muster des elektrischen Signals, so daß die Aussage vieldeutig wird. Deshalb muß man zusätzlich die „Nulldurchgänge" des Signals zählen. Aus beiden Angaben errechnet sich dann der wahre Wert des zurückgelegten Weges. Auch hier wird als Bezugspunkt eine Referenzmarke gebraucht.

5.5.2 Ausführung von Wegmeßsystemen

Wegmeßsysteme lassen sich direkt oder indirekt an die Bewegungsachsen ankoppeln. Direkte Kopplung bedeutet, daß eine Armbewegung unmittelbar, also ohne ein Zwischengetriebe, auf das Meßsystem übertragen wird. Bei einer indirekten Kopplung ist das anders. Man stellt z.B. den Drehwinkel einer Antriebsspindel fest und errechnet dann unter Beachtung der Spindelsteigung den tatsächlichen Verschiebeweg der Lineareinheit. Hierbei gehen natürlich kleine Übertragungsfehler und das Spiel im Getriebe mit in den Meßwert ein und verfälschen ihn.

Relative Wegmeßsysteme beziehen den Meßwert nicht auf einen absoluten Nullpunkt, sondern auf den Referenzpunkt. Beim Einschalten des Roboters muß jede Bewegungsachse als erstes den Referenzpunkt suchen und dort anhalten. Er ist auf einer gesonderten Abtastspur untergebracht. Dabei werden die Zähler auf Null gestellt. Ab hier beginnt nun das Zählen der Wegschritte bei einer Verfahrbewegung. Dazu wird das Lineal in der Regel optisch abgetastet. Das Prinzip ist in **Bild 5.26** zu sehen.

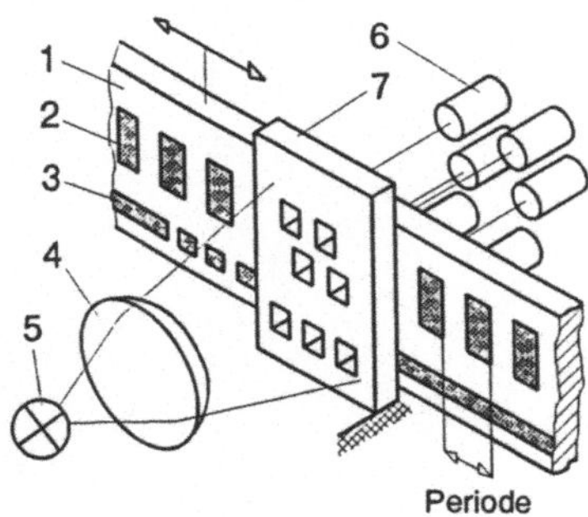

Bild 5.26
Prinzip der optischen Abtastung von Strichgittern
1 Glasmaßstab,
2 Strichgitter,
3 Spur mit Referenzmarken,
4 Optik,
5 Beleuchtung,
6 Fotoelement,
7 Abtastplatte

Damit das Referenzpunktfahren schneller geht, kann es auch mehrere, voneinander unterscheidbare, Referenzpunkte geben. Der Unterschied wird in eine geringfügig abweichende Entfernung von Marke zu Marke gelegt. Nach Passieren der zweiten Marke erkennt die Steuerung die Position der Bewegungsachse. Für solche Meßsysteme wird auch die Bezeichnung pseudo-absolut verwendet. Das trifft auch zu, wenn eine Pufferbatterie die Impulsgeber und Zähler bei Spannungsausfall oder Abschaltung funktionsfähig erhält. Bei Wiedereinschaltung werden die gepufferten Daten wieder in die Steuerung geladen und das Bewegungsprogramm kann ohne Anfahren des Referenzpunktes fortgesetzt werden.

Damit man aus den Strichmustern die Bewegungsrichtung erkennen kann, muß man zusätzliche Meßfenster vorsehen, die etwas versetzt sind (1/2 Strichstärke = 1/4 Periode). Beim Vorbeiwandern des Lineals kommt es zu zwei Maxima der Lichtintensität. Aus dem Vor- bzw. Nacheilen erkennt die Steuerung die momentane Verfahrrichtung. Alle Wegmeßsysteme lassen sich übrigens als Lineal oder Scheibe ausbilden.

Absolute Wegmeßsysteme können analog-absolut oder digital-absolut arbeiten. Bei den letzteren werden Wege oder Winkel durch einen Zahlencode aus schwarzen und weißen Feldern (durchsichtige und undurchsichtige Felder) dargestellt. Das geschieht mehrspurig auf einem Lineal oder einer Scheibe als Maßverkörperung. Jeder Stellung derselben entspricht ein bestimmtes Schwarz-Weiß-Muster und ein definierter Abstand zum Nullpunkt des Meßsystems. Daraus folgt, daß die Robotersteuerung sofort nach dem Einschalten des Roboters weiß, welche Armstellung vorliegt. Das Anfahren eines Referenzpunktes entfällt. Es gibt keine Referenzpunkte. Die Kombination des Hell-Dunkel-Musters (Codierung) entspricht also dem Zahlenwert der gerade eingenommenen Position. Es gibt verschiedene Codes, mit denen man die Maßverkörperung präparieren kann. Gebräuchlich sind der Binärcode und der Graycode (**Bild 5.27**).

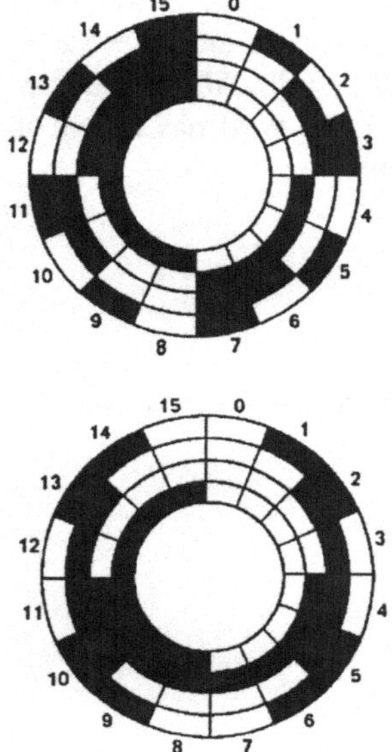

Bild 5.27
Codescheiben
oben mit Binärcode,
darunter mit Graycode

Der Graycode hat den Vorteil, daß sich von einer Ziffer zur nächsten nur in einer Spur eine Veränderung von hell zu dunkel vollzieht. Das ist günstig, denn bei gleichzeitigem Wechsel in mehreren Spuren kann es kurzzeitig zu völlig unpassenden Zifferninterpretationen kommen, wenn bei kleinen Genauigkeitsmängeln bei der Herstellung oder Justierung nicht exakt auf einer Linie abgelesen wird.

Bei den analog-absoluten Gebern wird eine Weglänge oder der Winkel in eine elektrische Spannung umgewandelt. Als Geräte sind hier das Potentiometer, der Resolver und das Inductosyn zu nennen. Bei Robotern hat vor allem der Resolver große Bedeutung erlangt. Das ist ein spezieller Drehmelder (**Bild 5.28**). Es ist ein elektrisches Gerät mit einer zweiphasigen, um 90° versetzten Stator- und einer einphasigen Rotorwicklung. Die Rotorwelle wird von der zu messenden Achse angetrieben, so daß jeder Achsposition ein bestimmter Rotordrehwinkel zugeordnet ist. Werden an die Statorwicklungen amplitudengleiche Sinusspannungen mit einer Phasenverschiebung von 90° angelegt, dann liefert die vom Rotordrehwinkel abhängige Phasenverschiebung zwischen der Rotorspannung und einer Statorspannung eine für die Steuerung verwertbare Weginformation. Allerdings wiederholt sich die elektrische Situation nach einer vollen Rotorumdrehung, d.h. der Meßwert wird dann mehrdeutig. Es müssen also auch die Nulldurchgänge des Meßsignals beachtet werden.

Das Inductosyn ist ein elektrisches Meßsystem, das ähnlich arbeitet. Es ist eine spezielle Variante des Drehmelders. Man nutzt es auch in der „aufgebogenen" Version als lineare Maßverkörperung. In der Robotik werden die Inductosyne aber fast nicht verwendet.

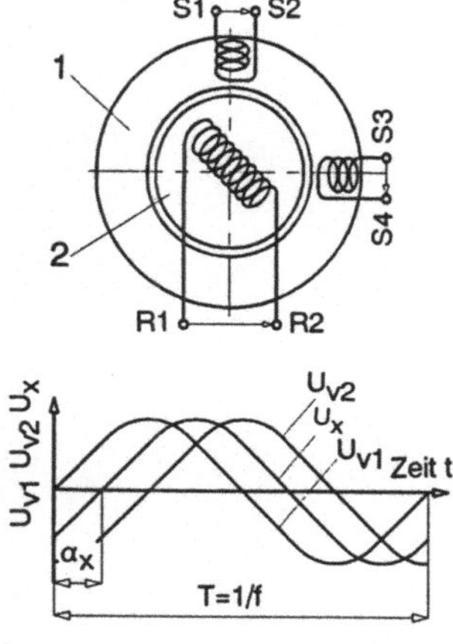

Bild 5.28
Prinzip des Resolvers
1 Ständer,
2 Rotor,
f Frequenz,
R Anschlüsse Rotorspule,
S Anschlüsse Statorspule,
T Periodendauer,
t Zeit,
U Wechselspannung,
U_x Meßspannung,
U_v Speisespannung,
α_x Phasenwinkel

Kontrollfragen und Aufgaben

5-5 Was verstehen Sie unter einem absoluten Wegmeßsystem?

5-6 Warum kann man ein inkrementales Wegmeßsystem als relatives Meßsystem bezeichnen?

5-7 Woran erkennt man beim Einschalten eines Roboters, ob er mit einem absoluten oder inkrementalen Meßsystem ausgestattet ist?

5-8 Erläutere den Unterschied zwischen Meßprinzip und Meßverfahren!

5-9 In **Bild 5.29** sind 3 Hauptunterscheidungsmerkmale von Wegmeßsystemen vorgegeben und dazu typische Maßverkörperungen. Tragen Sie in der Tabelle ein, was zusammengehört!

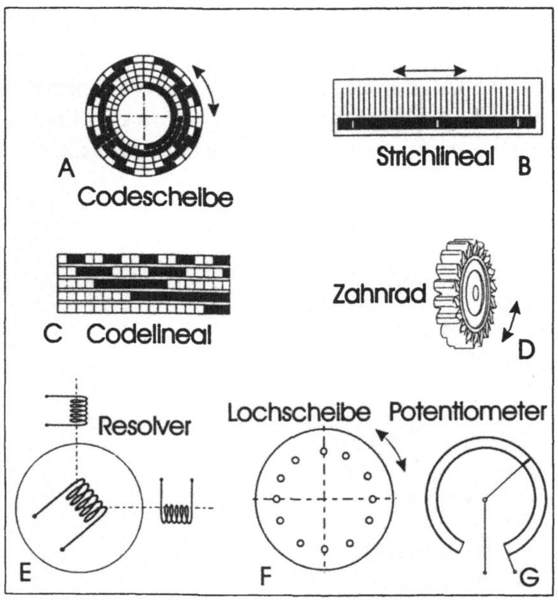

	absolut	inkremental
Meßverfahren		

	rotatorisch	translatorisch
Meßwertabnahme		

	digital	analog
Meßwerterfassung		

Bild 5.29
Typische Ausführungen von Weg- bzw. Winkelmeßsystemen

Zahnrad und Lochscheibe sind einfache Ersatzsysteme, die mit einer Lichtschranke abgetastet werden und Zählimpulse liefern.

5.6 Steuerung

Die „Intelligenz“ eines Industrieroboters und damit die Fähigkeit flexibel zu agieren, befindet sich in der Robotersteuerung. Alle notwendigen Eingangsdaten wie z.B. Weg, Geschwindigkeit oder Eingriffe des Bedieners werden in der Steuerung verarbeitet und wirken entsprechend der vorgegebenen Logik als Ausgangsdaten auf die Roboterantriebe oder Roboterwerkzeuge. Als Mensch-Roboter-Schnittstelle steht heute bei den meisten Robotersteuerungen ein Programmiersystem zur Verfügung, welches auf AT-kompatiblen Standard-PC lauffähig ist. Des weiteren ist es möglich, maßgeschneiderte Bediengeräte für den Produktionsbetrieb oder universell einsetzbare Programmierhandgeräte zu verwenden.

Aus den vielschichtigen Aufgaben und Anwendungsgebieten für einen Industrieroboter ergeben sich die entsprechenden Anforderungen an die Robotersteuerung, wie

- hohe Rechenleistung,
- großer Funktionsumfang,
- kurze Inbetriebnahmezeiten,
- hohe Zuverlässigkeit,
- modularer Aufbau zur anwendungsbezogenen Auslegung,
- platzsparende, servicefreundliche Anordnung im Steuerschrank und
- integrierte Sicherheitskonzepte.

Die Steuerung hat also eine zentrale koordinierende Funktion. Sie soll die einzelnen zu steuernden Bewegungsachsen und damit den Greifer räumlich und zeitlich so beeinflussen, daß die per Programm geplante Aufgabe präzise erledigt wird.

5.6.1 Steuern und Regeln

In der Regelungstechnik werden die technischen Teilsysteme als Übertragungsglieder dargestellt. Das typische Systemverhalten bei verschiedenartiger Beanspruchung wird als Übertragungsfunktion F bezeichnet. Das ist der Quotient von Ausgangssignal zu Eingangssignal. Reiht man mehrere Übertragungsglieder aneinander (**Bild 5.30**), dann gelangt man zu einer Regeleinrichtung für das Gesamtsystem oder für eine Teilaufgabe.

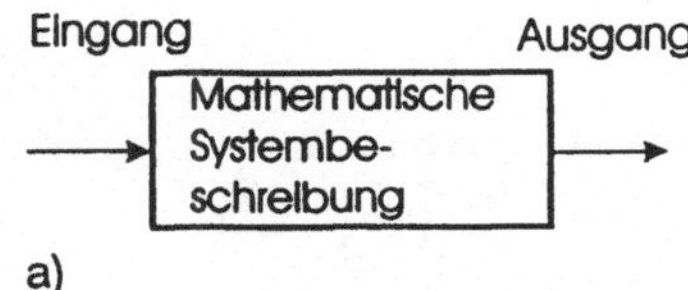

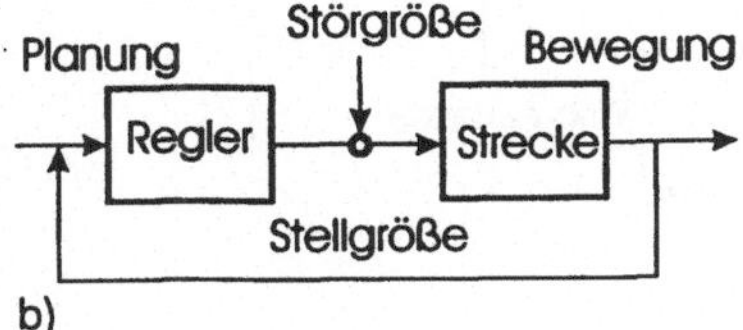

Bild 5.30
Wirkungsweise eines Regelkreises
a) Übertragungsglied,
b) einfacher Lageregelkreis

Das zu regelnde System, z.B. eine Dreheinheit, wird als Strecke bzw. Regelstrecke bezeichnet. Eine gezielte Beeinflussung der Dreheinheit erreicht man aber erst, wenn die Differenz zwischen dem Sollwert und dem Istwert der Regelgröße, z.B. eine Wegposition, in geeigneter Weise aufbereitet wird und als neue Stellgröße auf die Strecke wirkt. Im Falle eines Weges oder Winkels ergibt sich dann ein Lageregelkreis. Typisch ist also die Rückführung von Informationen.

Im Gegensatz zum Regel-„Kreis“ spricht man bei Antriebssystemen nach **Bild 5.31** von einer Steuer-„Kette“. Der Informationsfluß ist bei dieser Technik nicht durch eine

Rückführung der Istposition geschlossen. Damit wird aber auch der genaue Halt in der Soll-Lage nicht kontrolliert. Störungen, die zu einem Positionierfehler führen, werden nicht wahrgenommen. Der bei Kleinrobotern häufig angewandte Schrittmotorantrieb weist folglich alle Merkmale eines gesteuerten Systems auf. Dem Motor werden vom Programm Schrittvorgaben gemacht, die man verstärkt und die dann als Antriebsimpulse zugeführt werden. Jeder Antriebsimpuls entspricht einem bestimmten Schrittwinkel des Läufers, der z.B. 1,5° betragen kann. Damit sind zum Vollzug einer Motorumdrehung 240 Antriebsimpulse nötig.

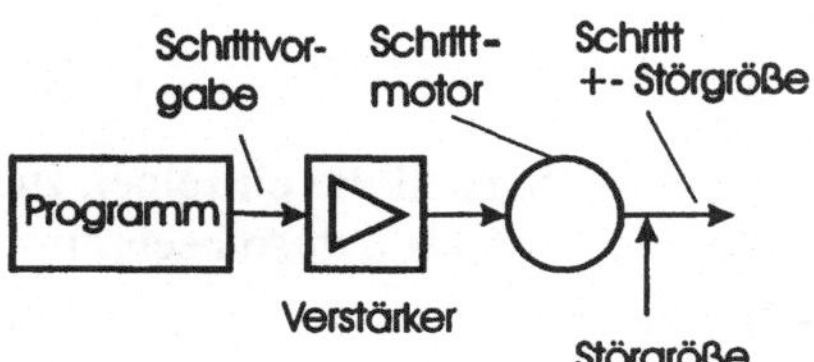

Bild 5.31
Wirkungsweise einer Steuerkette

Typisch ist aber die Lageregelung, d.h. der Wegistwert wird ständig zurückgeführt und mit dem Sollwert verglichen. Ein Stellsignal wird solange ausgegeben, bis die Wegdifferenz zu Null geschrumpft ist. Damit das dynamische Verhalten einer Bewegungsachse noch etwas verbessert wird, kann auch der aufgenommene Strom und die Drehzahl des Motors erfaßt und an den Regler zurückgeführt werden. Regelungen mit ineinandergeschachtelten Stufen dieser Art bezeichnet man auch als Kaskadenregler. Das **Bild 5.32** zeigt das in einem Wirkungsplan.

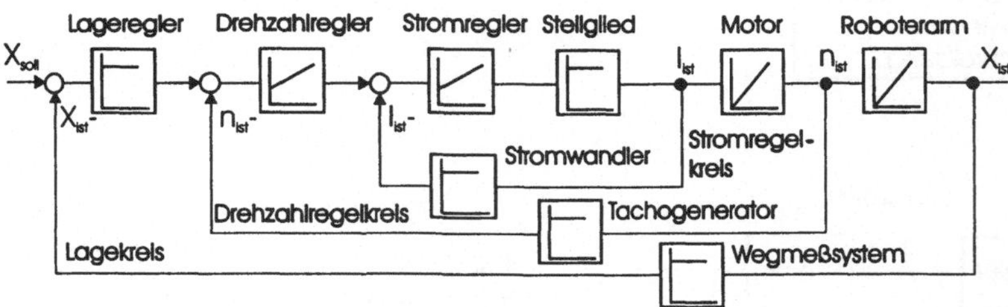

Bild 5.32 Wirkungsweise bei der Kaskadenregelung
I Strom, n Drehzahl, x Weg

Wie wichtig das dynamische Verhalten eines Roboters ist, wird deutlich, wenn der Roboter bei großer Geschwindigkeit seine Richtung stark ändert, z.B. beim Bahnfahren einer Ecke. Es kommt zu einem Überschwingen, das zu Verrundungsfehlern an der Ecke führt. Dieses Genauigkeitsproblem bezeichnet man auch als Overshoot. Wenn der Roboter also einen Entgratefräser an einer Ecke führt, muß dieses Verhalten unterdrückt werden.

5.6.2 Bewegungsplanung

Ziel der Bewegungsplanung ist die Vorgabe einer hindernisfreien und günstigen Bahn des Effektors eines Roboters zwischen einer Start- und Zielposition. Aus diesem Bewegungspfad sind dann in Folge elementare Steuerbefehle für die einzelnen Bewegungsachsen abzuleiten. Dahinter verbergen sich zwei Grundaufgaben:

- genügend feine Beschreibung der Bahn, damit sie der gewünschten idealen Bahn möglichst nahe kommt und auch zeitlich vorteilhaft ist sowie
- Vorgabe von „Umleitungen" für den Fall, daß ein stationäres oder bewegliches Hindernis auftaucht.

Die Bewegungsplanung ist also eine Aufgabe der Steuerung. Das **Bild 5.33** zeigt, wie durch verschiedene, der Aufgabe angepaßte Verfahren der Interpolation aus Bahnparametern wie Anfangswert, Randbedingungen und Endwert kinematisch und dynamisch in geschlossener Form ausführbare Bahnen berechnet werden.

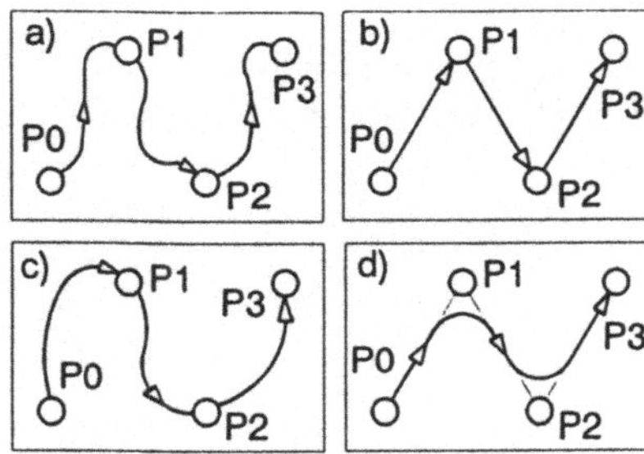

Bild 5.33
Planungsverfahren zur Berechnung von Effektorbahnen
a) Punkt-zu-Punkt Planung mit beliebiger Raumbahn,
b) Bahn bei linearer Interpolation,
c) Planung über algebraische Funktionen,
d) lineare Interpolation mit Überschleifen, Pi Stützpunkte einer vorgesehenen Bewegungsbahn

Hinter diesen grundsätzlichen Möglichkeiten wie man von einem Punkt zum nächsten fahren kann, verbergen sich typische Steuerungsarten, die im nächsten Kapitel behandelt werden.

Nun kann es passieren, daß der geplante Weg nicht abgefahren werden kann, weil zeitweise oder ständig ein Hindernis „im Wege" steht. Welche Möglichkeiten bestehen nun zur Verhinderung von Beschädigungen und Stillständen infolge einer Kollision?

Das **Bild 5.34** zeigt in einer einfachen Grafik die prinzipiellen Konzepte, die man verfolgen kann, um mit Zusammenstößen fertig zu werden.

Man kann die Bewegungsbahn am Bildschirm grafisch kontrollieren. Der Bediener beobachtet also die simulierte Bahn (Bild 3.34a). Ergibt sich ein Zusammenstoß, muß er das Programm abändern und erneut probieren. Die nächste Stufe wäre das automatische Ausgeben einer Kollisionsmeldung (b). Noch besser wäre ein Bahnplanungssystem, das bei einem Kontakt des Effektors mit einem Hindernis automatisch eine Wegkorrektur veranlaßt (c). Schließlich ist auch denkbar, daß der Roboter vorausschauend ein Hindernis erkennt und von allein eine „Umleitung" festlegt. Ein Anstoßen an das Hindernis wird dabei völlig vermieden (d). Solche Verfahren sind schwierig zu realisieren und erfordern Näherungssensoren am Roboter. Aber in der Forschung hat man auch dafür schon einige interessante Lösungsansätze ausgearbeitet.

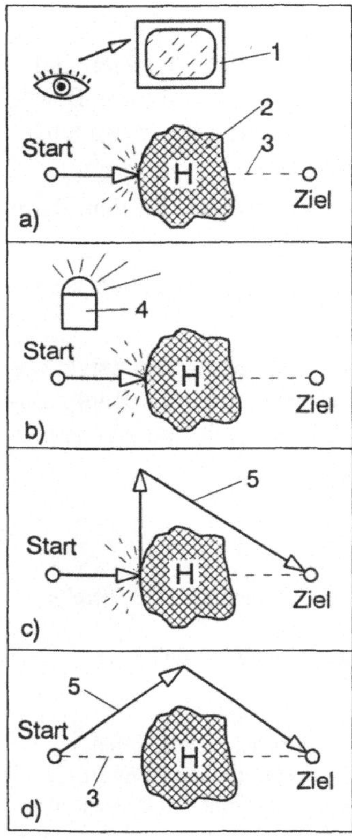

Bild 5.34
Konzepte für die Offline-Kollisionskontrolle beim Planen von Bewegungsbahnen
a) grafische Kontrolle durch Augenschein,
b) Ausgabe eines Warnsignals,
c) automatische Wegkorrektur bei Kollision,
d) vorausschauende automatische Generierung von Umgehungswegen,
H Hindernis,
1 Bildschirm,
2 Hindernis,
3 Sollweg,
4 Warnanlage,
5 Istweg

Für das genügend feine Erzeugen von Bahnpunkten wird ein spezieller Rechner verwendet, den man als Interpolator bezeichnet. Das Programm gibt nur charakteristische Stützpunkte der Bahn vor. Diese können eng oder weit gesetzt werden, je nachdem, ob sich die Bahn in einem bestimmten Abschnitt stark oder wenig verändert. Bei nur geringen Veränderungen kann man die Stützpunkte weiter entfernt setzen. Aber das genügt noch nicht. Zwischen den Stützpunkten müssen auch Bahnpunkte an die Wegsteuerung ausgegeben werden. Diese fehlenden Zwischenpositionen erzeugt der Interpolator und das muß für alle beteiligten Achsen geschehen. Dabei werden auch Verfahrgeschwindigkeiten mit abgestimmt. Das Prinzip ist aus **Bild 5.35** zu erkennen.

Der Interpolator stellt also auch den Funktionszusammenhang zwischen den Achsenbewegungen her. Legt er die Zwischenpunkte auf eine Gerade, dann spricht man von einer Linearinterpolation. Er kann aber auch einen Kreisbogen von Stützpunkt zu Stützpunkt ziehen und darauf die Zwischenpunkte legen. Dann handelt es sich um eine Kreisinterpolation (auch als Zirkularinterpolation bezeichnet). Schließlich ist auch eine Parabel (oder andere Kurven höherer Ordnung) als Verbindungsstrecke möglich. Dann haben wir eine Parabelinterpolation, die aufwendigere Rechenverfahren erfordert, dafür aber beliebige Kurven gut nachbildet.

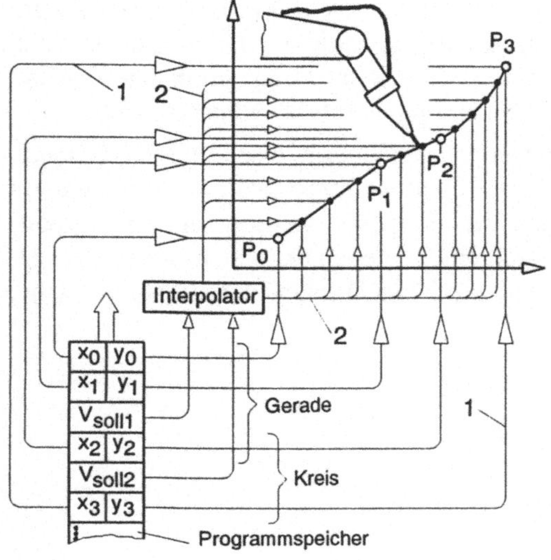

Bild 5.35
Positionsbereitstellung bei der Bahnsteuerung
1 vom Programmspeicher gelieferte Bahnstützpunkte,
2 vom Interpolator errechnete Zwischenpunkte,
P_i programmierte Bahnstützpunkte,
v Geschwindigkeit

Damit die Steuerung Angaben zu Raumpositionen überhaupt versteht, braucht man Koordinatensysteme. Der Programmierer verwendet für solche Vorgaben das Basiskoordinatensystem X, Y, Z (**Bild 5.36**) und bezieht jede Veränderung des Arbeitspunktes (TCP) während einer Roboteraktion auf den Ursprung dieses Koordinatensystems.

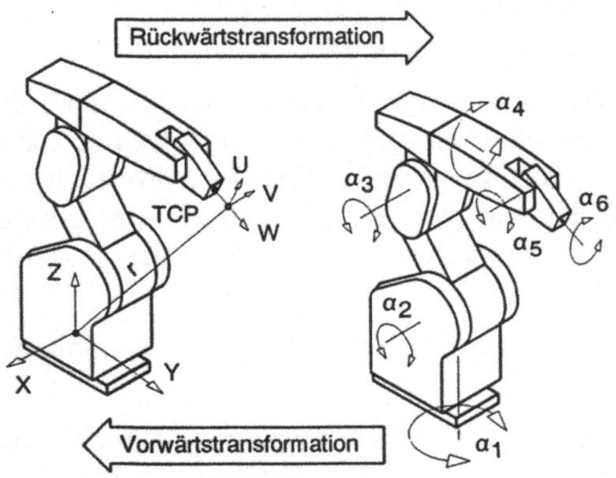

Bild 5.36
Koordinatentransformation
links Basiskoordinaten,
rechts Achskoordinaten,
TCP Arbeitspunkt,
r Abstandsvektor

Man kann sich gut in das rechtwinklige Koordinatensystem „hineindenken“, was der Anschaulichkeit beim Programmieren sehr dienlich ist. So werden die Koordinaten dann auch im Rechner der Steuerung abgelegt. Allerdings kann der Roboter damit nichts anfangen. Die Vorgaben müssen in Koordinaten je Bewegungsachse (auch als Maschinenkoordinaten bezeichnet) umgearbeitet werden. Basiskoordinaten sind also in Achskoordinaten zu transformieren. Das bezeichnet man als Rückwärtstransformation.

Aber auch der umgekehrte Fall kann vorkommen. Beim Teach-in Programmieren wird das Führungsgetriebe bewegt, d.h. es fallen Achskoordinaten an. Diese müssen zum Verständnis für den Bediener und auch fürs Abspeichern in Basiskoordinaten verwandelt werden. Dieser Vorgang wird als Hin- bzw. Vorwärtstransformation bezeichnet.

Nun kann das Hin und Her von Koordinatenwerten auch zu Problemen führen. Während die Vorwärtstransformation eindeutig ist, kann es bei der Rücktransformation mehrere Lösungen geben. Das **Bild 5.37** zeigt, daß der Zielpunkt sowohl durch Überkopfschwenken (wenn es der Roboter kann) als auch durch Drehen der ersten Achse erreicht werden kann. Deshalb sind im Anwenderprogramm Vorkehrungen zu treffen, um solche Mehrdeutigkeiten auszuschließen.

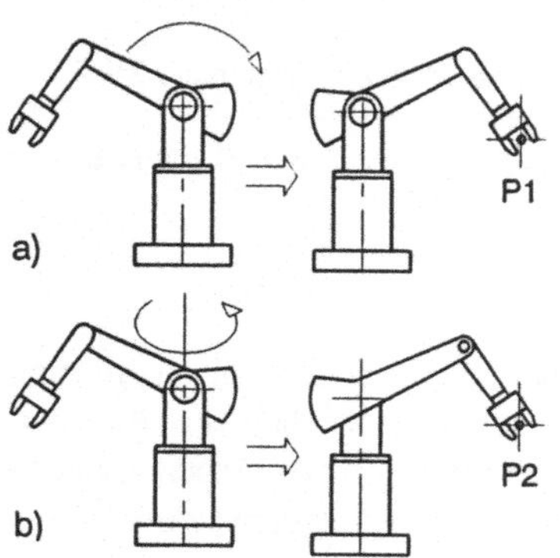

Bild 5.37
Mehrdeutigkeiten bei der Rückwärtstransformation
a) Der Punkt P1 wird durch Überkopfschwenken erreicht.
b) Der Punkt P2 wird durch Drehung um die erste Drehachse erreicht.

Für die Koordinatentransformation sind in der Betriebssoftware entsprechende Rechenverfahren enthalten. Damit hat der Anwender aber nichts zu tun.

Viele Steuerungen verfügen über eine Override-Funktion. Darunter versteht man die Möglichkeit, programmierte Geschwindigkeits-Sollwerte in Stufen und während des Laufs manuell verändern zu können. Der dazu vorgesehene Schalter wird auch als Übersteuerungsschalter bezeichnet. Die Veränderungen werden gewöhnlich in Prozent angegeben. Das wird bei Testläufen gebraucht, aber auch, um z.B. Beschichtungsprogramme später schneller ablaufen zu lassen.

Natürlich muß auch die Arbeitshand betrachtet werden. Handachsen sind ebenfalls in die Bahnplanung einzubeziehen.

Für die räumlichen Drehungen eines Greifers oder eines Werkzeugs sind die Hand- und Nebenachsen eines Roboters zuständig (**Bild 5.38**). Eine Starrhand erlaubt keinerlei Drehung. So etwas wurde z.B. 1959 am ersten Tauchboot (SP 300) J.Y. Costeaus eingesetzt. Andere zuverlässige Lösungen waren damals noch nicht ausgearbeitet. Heute wird die sogenannte Zentralhand häufig verwendet. Die 3 Nebenachsen schneiden sich in einem Punkt. Die Lage des Arbeitspunktes TCP variiert mit der Länge des angesetzten Werkzeugs. Bei einem Zweibackengreifer liegt der TCP zwischen den beiden Backen. Bei einem Schweißbrenner ist die Schweißdrahtspitze als TCP zu verstehen. Ein Doppelgreifer weist 2 Arbeitspunkte auf (TCP1 und TCP2). Die Bahnplanung geht immer von der technologisch erforderlichen Position und Orientierung des TCP im Raum aus.

Unterschiedliche Werkzeugabmessungen werden steuerungstechnisch durch Eingabe von Werkzeugkorrekturdaten berücksichtigt.

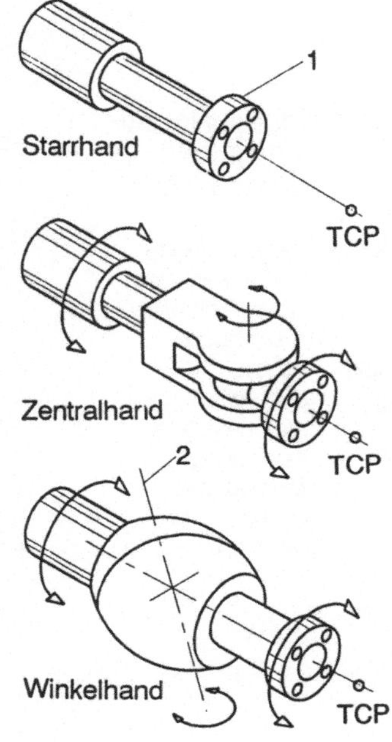

Bild 5.38
Beweglichkeiten bei einer Roboterhand
1 Anschlußflansch,
2 Drehachse

5.6.3 Steuerungsarten

Es ist für Roboter typisch, daß sie einen Effektor innerhalb eines Arbeitsbereiches (im Raum) nach Programm bewegen können. Wenn von „Raum“ gesprochen wird, dann ist das für die Steuerung ein mathematischer Raum, der eine riesige Menge von Raumpunkten enthält, deren Lage durch Zahlenwerte (Raumkoordinaten) bestimmt wird. Die Arten von Steuerungen unterscheiden sich danach, wie die einzelnen Raumpunkte angefahren werden. Gemäß **Bild 5.39** sind das die

- Punktsteuerung (PTP-Steuerung; PTP = point to point),
- Bahnsteuerung (CP-Steuerung; CP = continuous path) und die
- Multipunktsteuerung (MP-Steuerung; MP = multi point).

Bei der Punktsteuerung hat der Programmierer keinen Einfluß auf die Bahn, die der Effektor (das Arbeitsorgan) vom Punkt P1 zum Punkt P2 zurücklegt. Jedenfalls ist es keine exakte Gerade und keine präzise Kreisbahn. Das ist auch nicht erforderlich, denn bei dieser Steuerungsart soll nur im Punkt P_i eine Aktion ausgeführt werden, z.B. Punktschweißen, Bohren oder Entladen. Allerdings muß er die geplanten Punkte P_i wirklich genau erreichen.

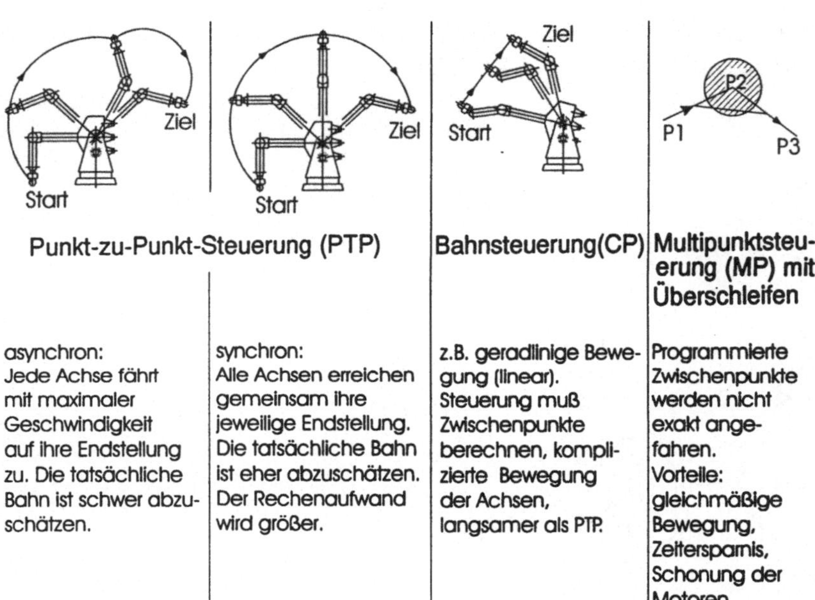

Bild 5.39 Die Arten von Industrieroboter-Steuerungen

Bei der Bahnsteuerung wird nicht nur der Zielpunkt vorgeschrieben, sondern auch die Bahn, auf der sich der Effektor präzise bewegen soll. Der Roboter kann deshalb auch längs dieser Bahn Arbeit verrichten, z.B. Auftragen einer Klebstoffraupe, Bahnschweißen oder Entgraten. Die Bahn setzt sich aus Geraden und Kreisbögen zusammen. Beim Programmieren werden nur charakteristische Stützpunkte der Bahn vorgegeben. Alle darüber hinaus notwendigen Zwischenpunkte berechnet die Steuerung selbsttätig und schritthaltend. Dieser Vorgang heißt Interpolation. In **Bild 5.40** wird der prinzipielle Informationsfluß bei einer Bahnsteuerung gezeigt.

Die Multipunktsteuerung ist eigentlich eine Punktsteuerung. Es werden allerdings sehr viele Punkte gespeichert und man verzichtet darauf, daß diese Punkte ganz exakt angefahren werden. Noch bevor ein Raumpunkt erreicht ist, wird bereits der nächste Punkt aufgerufen. Dadurch tritt der Effekt des Überschleifens der Position ein. Das Ergebnis ist ein bahnsteuerungsähnliches Verhalten. Man braucht diese Steuerung vor allem dort, wo es schwierig, wenn nicht unmöglich ist, die erforderliche Bahn analytisch zu beschreiben. Das betrifft Vorgänge wie Spritzlackieren, Beschichten und Ausschäumen von Formen. Die Bewegungsfolge muß dem Roboter vorgeführt werden. Das bezeichnet man als Anlern- bzw. Teach-in Programmierung.

Das Überschleifen von Positionen kann aber auch bei Punktsteuerungen günstig sein. Das wollen wir untersuchen. Es kommt dabei zu Zeitvorteilen, denn das genaue Anfahren einer Position ist mit einer Senkung der Verfahrgeschwindigkeit auf Null verbunden. Dieses Abbremsen und das erneute anschließende Beschleunigen fällt beim Überschleifen weg. In **Bild 5.41** wird das Umfahren eines Hindernisses gezeigt.

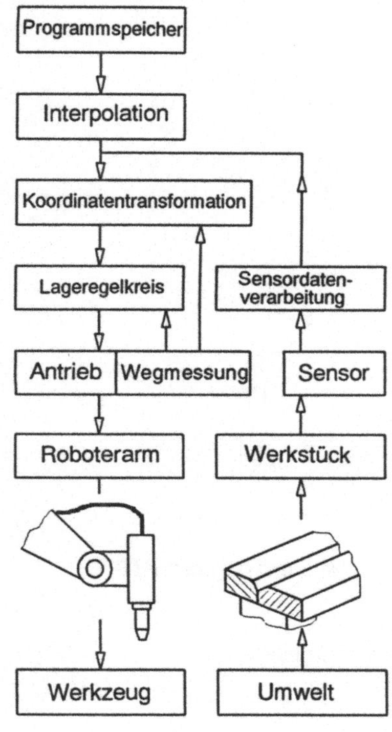

Bild 5.40
Prinzipieller, vereinfacht dargestellter Informationsfluß bei einer Bahnsteuerung

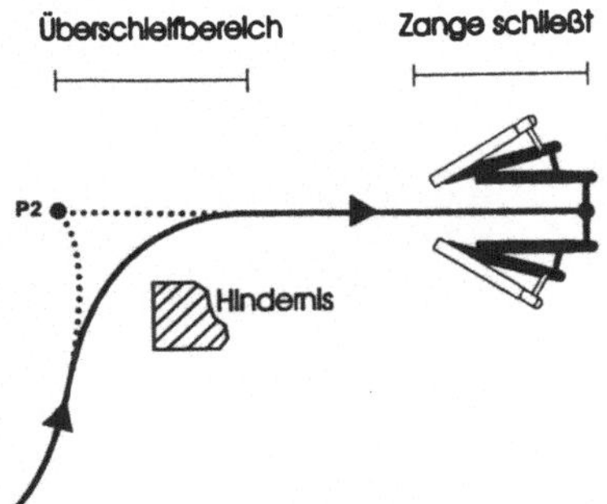

Bild 5.41
Überschleifen der Bewegung an einem Hindernis beim Widerstandspunktschweißen

Der Punkt P2 muß überhaupt nicht genau erreicht werden. Das Vorbeischwingen in seiner Nähe genügt. Wird das an mehreren Positionen praktiziert, dann kann sich eine ansehnliche Zeiteinsparung einstellen. Das wird an einem Beispiel in **Bild 5.42** gezeigt. Hier sind es 20% Zeitreduzierung. Übrigens versucht man beim Punktschweißen außerdem, die Schweißfolge nach dem kleinstmöglichen Verfahrweg zu optimieren.

Von ganz anderer Art sind die Steuerungen für Master-Slave-Manipulatoren. Wie in **Bild 5.43** zu sehen ist, gibt der Bediener nach Sicht die Bewegungen analog vor und der Slavearm führt sie fast zeitgleich aus. Es handelt sich um eine Kopiersteuerung, bei der die „Intelligenz“ vollständig beim Menschen verbleibt. Unterläuft ihm ein Fehler, dann hunzt auch der Slavearm. Es gibt also keine Speicherung von Bewegungsfolgen und demzufolge auch keine von der Steuerung zu erledigende Bahnplanung.

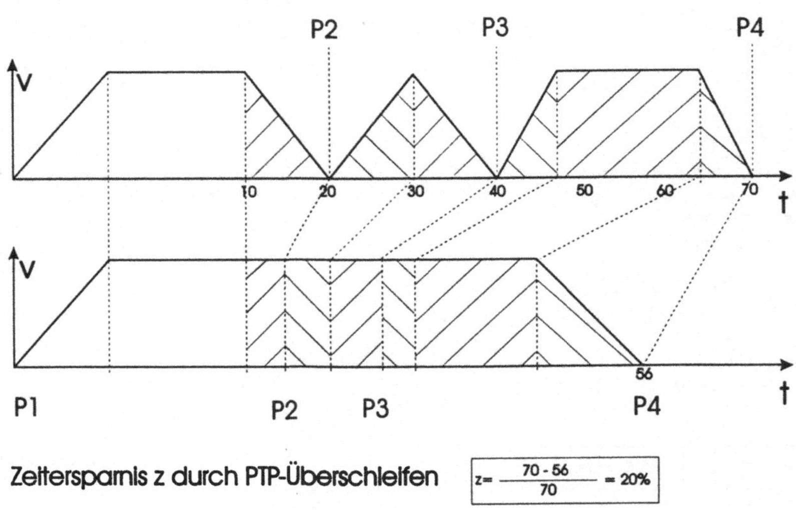

Bild 5.42 Darstellung des Zeitvorteils beim Überschleifen von Positionen bei einer PTP-Steuerung
oben: ohne Überschleifen;
unten: mit Überschleifen; P Position, t Zeit, v Geschwindigkeit

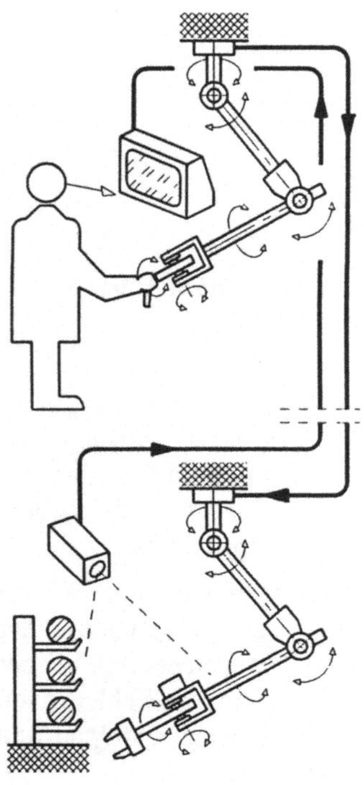

Bild 5.43
Prinzip einer kopierenden Steuerung bei einem Master-Slave-Manipulator

5.6.4 Steuerungshardware

Unter der Hardware von Robotersteuerungen sind folgende Funktionsbaugruppen zu verstehen:

- Baugruppen und Geräte für die Bedienung und Kommunikation; Meistens ist auch eine tragbare Befehlstafel (Programmierhandgerät) vorhanden.
- Steuerungsrechner mit seinen Bestandteilen,
- Leistungselektronik und Prozeßkopplung,
- Stromversorgung und
- Hilfsbaugruppen, wie Lüfter bzw. Wärmeaustauscher.

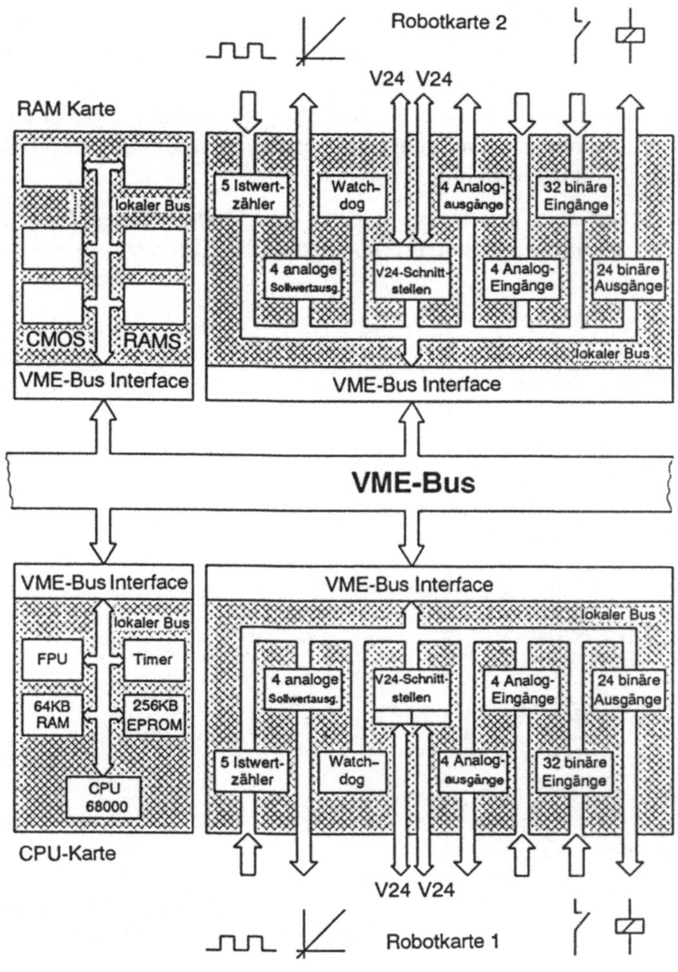

Bild 5.44 Blockschaltbild einer Robotersteuerung als Mehrkartensystem (Reis)
VME Versa module europe (Bus), Industriestandard einer Bus-Architektur für Motorola 68000-Mikroprozessoren

Fast alle Baugruppen arbeiten unter der Regie des Steuerungsrechners, der somit eine zentrale Rolle spielt. Wichtige Bestandteile des Rechners sind die zentrale Recheneinheit (CPU = central processing unit), Speichereinheiten, Lageregelbaugruppen, Input-Output Baugruppen und das Netzteil. Werden mehrere Mikroprozessoren in Anspruch genommen, spricht man von einer Mehrprozessorsteuerung. Sind die Hardware-Steuerungsfunktionen auf mehrere Leiterkarten verteilt, nennt man das ein Mehrkartensystem (**Bild 5.44**).

Der Datenaustausch zwischen Robotersteuerung und allen angeschlossenen Komponenten wird heute über eine Bus-Linie abgewickelt, kurz Bus genannt. Das ist eine Daten- und Signal-Sammelleitung, die sich gut mit Straßenverbindungen vergleichen läßt, auf denen sich Autos statt Daten bewegen (**Bild 5.45**). Bei fester Verbindung (Verdrahtung) sind jeweils zwei Orte (Baugruppen) über eine schmale Straße (Draht) miteinander verbunden. Es kann jeweils nur ein Fahrzeug in einer Richtung fahren. Ein Bus fährt dagegen auf einer mehrspurigen Straße (mehrere Drähte). Es sind gleichzeitig viele Fahrzeuge (Datensätze) in verschiedenen Richtungen zu unterschiedlichen Zielen (Adressen) unterwegs. An den Haltestellen steigen Gäste (Daten) zu oder aus. Damit bei diesem regen Verkehr nichts schief geht, braucht man eine Straßenverkehrsordnung. In der Datentechnik sind das Protokolle.

Ein Bussystem sichert also, daß Daten-, Adreß- und Steuerleitungen über den Bus geführt werden, für die auf jeder Baugruppe einheitliche Ein- und Ausgänge vorhanden sind.

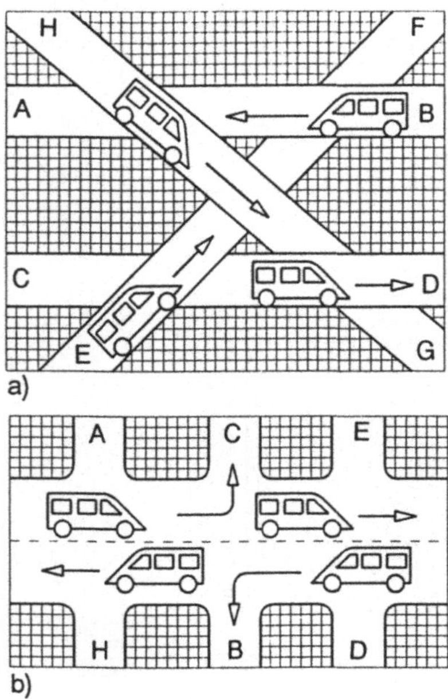

Bild 5.45
Vergleich zwischen fester Verdrahtung (a) und einer Bus-Linien-Verbindung (b)

Überwachung und Diagnose sind ebenfalls funktionelle Bestandteile einer Robotersteuerung. Unter Diagnose versteht man den Test von Bausteinen und Baugruppen, um dadurch Fehler zu erkennen, die eine bestimmungsmäßige Funktion verhindern oder beeinträchtigen können. Reaktionen der Steuerung werden aus dem Fehler selbst, z.B. defektes Bauelement, oder aus Wirkungen des Fehlers, z.B. Nichteinhaltung der Toleranz einer Versorgungsspannung, abgeleitet. Überwachung und Diagnose werden hauptsächlich durch spezielle elektronische Schaltungen, Sensoren und Programme verwirklicht.

Man unterscheidet zwischen interner und externer Überwachung. Die interne Überwachung betrifft die Steuerung selbst, also Beobachtung von Versorgungsspannungen (Kontrolle auf Über- und Unterspannung), Temperaturen, Takt- und Programmschleifen. Zur externen Überwachung zählt die Beobachtung von Roboterbasisfunktionen und solchen Funktionen, die den Prozeß oder die periphere Technik betreffen. Spannungsunterbrechungen werden z.B. bei Nennspannung bis zu 8 ms als zulässig akzeptiert. Ist die Unterbrechungszeit größer, dann wird abgeschaltet. Auch Meßsysteme (Meßkreiskabel, Plausibilität), Antriebe (Bremsbelastung, Kohlebürsten), Endlagen und Quittierungsvorgänge unterliegen einer Kontrolle. Bei Tachogeneratoren erfolgt eine Prüfung auf Durchgang der Leitungen (Kabelbruch) und auf Masseschluß. Ein Masseschluß wird auch signalisiert, wenn Fehlerströme zwischen Antriebsmotor und zugehörigen Anschlußleitungen einerseits und dem Gestell (Schutzleiter) andererseits auftreten. Die Überwachungseinrichtung spricht auch dann an, wenn auf den Masseleitungen sehr starke Störspannungen liegen und dadurch die Funktion der Drehzahlregelkreise in Mitleidenschaft gezogen werden könnte.

Kontrollfragen

5-10 Aus welchen Komponenten besteht eine Robotersteuerung?

5-11 Welche Steuerungsarten kennen Sie?

5-12 Welche Steuerungsart verwendet man beim Lackieren und warum?

5-13 Erläutere den Begriff „Überschleifen“!

5-14 Was bedeutet die Abkürzung PTP?

5-15 Erläutere den Terminus „Overshoot“!

5-16 Wie wirkt sich ein Override-Faktor von 40% auf das Programm aus?

5-17 Was bedeutet die Abkürzung CP?

5.7 Effektoren

Als Effektoren bezeichnet man alle aktiven Komponenten, die an einem Objekt etwas bewirken, also einen „Effekt“ hervorrufen. Das sind Greifer und Werkzeuge, aber auch Meß- und Prüfmittel, wenn sie vom Roboter geführt werden. Übrigens bezeichnet man in der Biologie den „Erfolgsapparat“, das sind Muskeln und Drüsen, ebenfalls als Effektoren. Effektoren sind also die Arbeitsorgane eines Roboters.

5.7.1 Greifer

Greifer bilden gewöhnlich das Ende einer offenen kinematischen Kette. Sie treten mit Werkstücken in Wechselwirkung, mit der Peripherie und vor allem mit Spannstellen, die vom Roboter zu beschicken sind. Für einfache Fälle genügen Standardgreifer mit großem Backenhub. Oft müssen sie aber den aktuellen Werkstückformen angepaßt werden. Man unterscheidet nach der Art der Greifkrafterzeugung in

- mechanische Greifer wie z.B. Finger-, Zangengreifer,
- Druckluftgreifer, wie z.B. Beugefinger, Loch- und Zapfengreifer,
- Saugluftgreifer (für poröse Werkstücke schlecht zu gebrauchen),
- Magnetgreifer (nur für Eisenwerkstoffe tauglich) und
- Adhäsivgreifer, die den Haftklebeeffekt nutzen (selten).

Für die mechanischen Backengreifer werden in **Bild 5.46** einige Ausführungsbeispiele gezeigt. Sie werden sehr oft pneumatisch betätigt. Es gibt aber auch elektromotorisch angetriebene Greifer. Ihre Schließzeit ist meisten etwas ungünstiger.

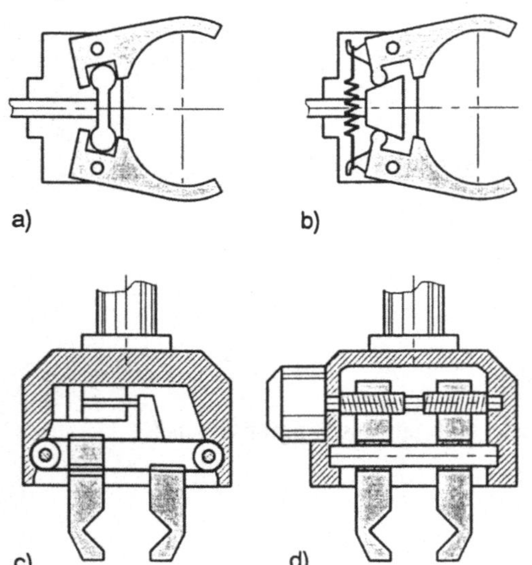

Bild 5.46
Einige Beispiele für mechanische Backengreifer mit paralleler oder bogenförmiger Schließbewegung
a) Winkelgreifer,
b) einfachwirkender Greifer (Öffnen mit Federkraft),
c) Parallelbackengreifer,
d) elektrisch angetriebener Greifer mit Spindeltrieb

Ein Greifer, dessen 4 Finger über Hebelgetriebe bewegt werden, zeigt das **Bild 5.47**. Es ist eine Baukastenkonstruktion mit Bestandteilen aus Aluminium. Dadurch ergibt sich ein günstiges Masse-Leistungsverhältnis. Aus den Bestandteilen des Baukastens lassen sich ähnliche Greifer mit 2 bis 6 Fingern aufbauen, mit verschiedenen Antrieben ausrüsten und mit werkstückangepaßten Greiferbacken (im Bild fehlen sie noch) vervollständigen. Die Finger schließen gleichmäßig zur Mitte, so daß sich beim Greifen ein Zentriereffekt ergibt.

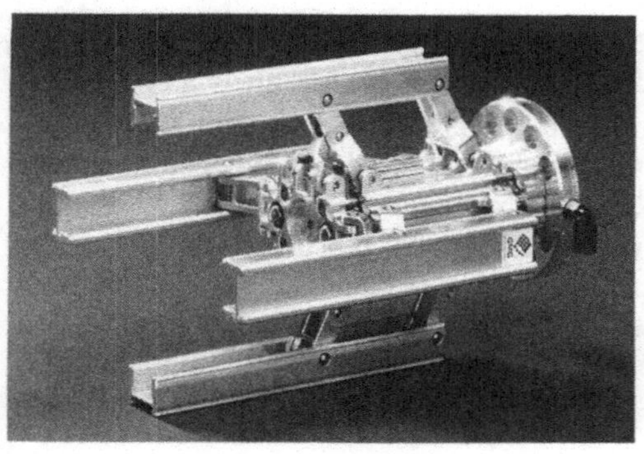

Bild 5.47
Greifer aus einem modularen Greiferbaukasten
(GMG Modulare Greifersysteme)

Man hat natürlich auch Greifer mit Gliederfingern entwickelt, die der menschlichen Hand etwas nachempfunden sind. Dazu zeigt **Bild 5.48** eine Dreifingerhand. Mit Sensoren bestückt können solche Hände schon ganz erstaunlich feinfühlige Handhabungen durchführen, z.B. eine Cola-Dose zwischen den Fingern drehen. Trotzdem: In der Industrie sind solche Hände überhaupt nicht nötig, weil es einfacher geht. Außerdem sind sie für den rauhen Werkstattbetrieb keineswegs robust genug. Auch die Antriebe sind noch zu groß und machen solche Greifer unhandlich. In Zukunft werden sie aber ihre Einsatzchance mit dem Aufstieg der Serviceroboter bekommen.

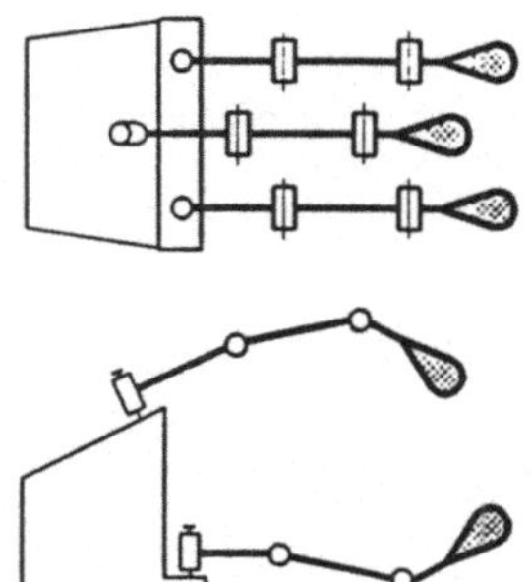

Bild 5.48
Dreifingerhand des Jet Propulsion Laboratory (USA)
Der Antrieb der Fingerglieder erfolgt über 12 „Sehnen" mit 12 mikroprozessorgesteuerten Gleichstromstellmotoren

Was haben Greifer auszuhalten? Das sind vor allem:

- vorübergehendes Aufrechterhalten einer auf die Greiferachsen bezogenen definierten Zuordnung von Werkstück und Greifer,
- Aufnahme äußerer Kräfte und Momente, die im Zusammenhang mit einer Bewegung auftreten, z.B. beim Armschwenken und
- Aufnehmen prozeßbedingter Kräfte, wie z.B. Anpreßkräfte beim Beschicken einer Spannvorrichtung oder beim Fügen.

Der Greifer ist somit ein Teilsystem für sich, das aus den Baugruppen Greiferantrieb, Bewegungssystem, Haltesystem und Sensorik besteht. Jede dieser Baugruppen kann in den unterschiedlichsten Ausführungen vorliegen, so daß sich ein überaus vielfältiges Sortiment an Greifern ergibt.

Einzelgreifer kann man auch zu einem Revolvergreifer zusammenfassen. Sie werden hauptsächlich in der Montage eingesetzt. Um einen solchen Greifer mit Werkstücken zu laden, genügt eine Hauptbewegung zur Peripherie. Dabei taktet der Greifer z.B. in 0,2 s bei 60°-Schaltwinkel. Dann schwenkt er zur Montagestelle und fügt ein Teil nach dem anderen. Die möglichen Bauformen der Revolvergreifer werden in **Bild 5.49** gezeigt. Ihre Struktur und Anwendung ist immer im Zusammenhang mit der zu bewältigenden Montageaufgabe zu sehen. So sind z.B. auch Kollisionssituationen der gerade nicht aktiven Einzelgreifer zu untersuchen, einschließlich der gegriffenen Werkstücke. Die Verwendung von Revolvergreifern senkt die Montagezykluszeit, weil einige Roboterleerfahrten vermieden werden.

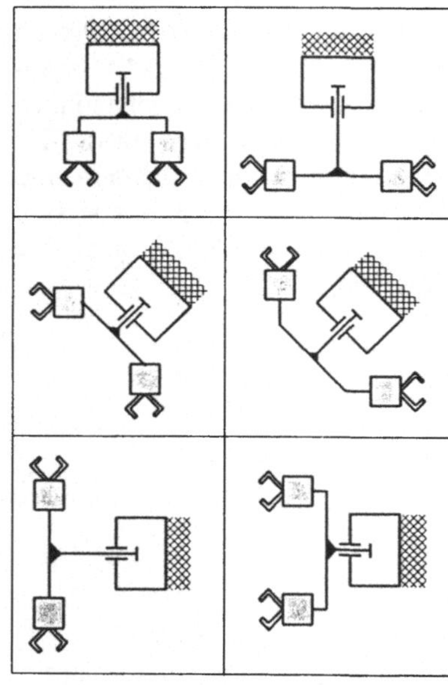

Bild 5.49
Prinziplösungen für Revolvergreifer

5.7.2 Roboterwerkzeuge

Bei einigen Anwendungen hat der Roboter ein Werkzeug zu führen. Das sind z.B. Punktschweißzangen, Schweißbrenner, Wasserstrahl-Schneidköpfe, Laser-Schneidköpfe, Bohrspindeln, Schrauber, Schleifaggregate, Mehrfach-Mutternschrauber, Entgratefräser, Drahtbürsten, Lötaggregate, Druckfügezangen, pneumatische Hämmer und z.B. Vorrichtungen zum Nähen.

Werkzeuge machen einen Roboter zum „technologischen Arbeiter“, d.h. seine Arbeit ist wertschaffend, was beim Beschicken einer Maschine ja nicht der Fall ist, denn häufiges Handhaben macht ein Werkstück nicht wertvoller.

Die Werkzeuge werden auf den Gebrauch durch einen Roboter abgestimmt und meistens durch Modifikation von Standardvorrichtungen geschaffen. In **Bild 5.50** wird ein Bandschleifaggregat gezeigt, das von einem Drehgelenkroboter geführt wird. Damit werden die in einer Spannvorrichtung vorgelegten Werkstücke geschliffen.

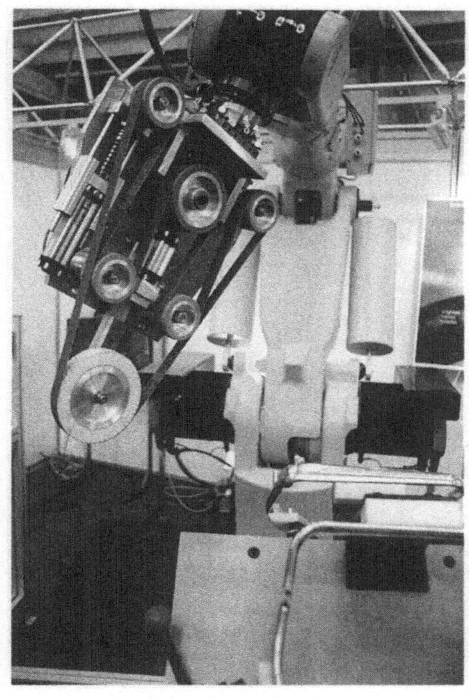

Bild 5.50
Bandschleifaggregat, von einem Drehgelenkroboter geführt
(Münch, Mühlheim)

Die Nachgiebigkeit des Bandes an der weichen Umlenkrolle garantiert guten Kontakt zwischen Band und Werkstück. Ist das Schleifband verbraucht, dann wechselt der Roboter selbsttätig das Aggregat gegen ein neues aus.

Sollen z.B. Stifte in ein Bauteil eingepreßt werden, dann ist ein Roboter mit einer offenen kinematischen Kette schlecht zu gebrauchen. Er kann die dafür erforderlichen hohen Prozeßkräfte nicht entwickeln. Deshalb gibt man ihm einen pneumatischen Hammer in die Hand. Das ist etwas ähnliches, wie ein Preßlufthammer in Miniaturausführung. Ein freifliegender selbststeuernder Schlagkolben erzeugt die erforderlichen Kraftimpulse, ohne das Führungsgetriebe des Roboters über Gebühr zu belasten. So lassen sich z.B. Kerbstifte ohne externe Presse einschlagen.

Für die Nutzung von Roboterwerkzeugen werden 3 Varianten praktiziert:

- Das Werkzeug ist an den Roboter angebaut und wird kaum einmal ausgetauscht.
- Werkzeuge und Greifer werden in einer Operationsfolge des öfteren gewechselt. Das geschieht automatisch über ein Wechselsystem.
- Die Werkzeuge werden von einem Greifer erfaßt, also Werkzeug im Greifer. Der Wechsel ist ohne ein spezielles Wechselsystem möglich.

Für den letztgenannten Fall zeigt das **Bild 5.51** ein Beispiel. Die Werkzeuge stehen in einem Reihenmagazin bereit.

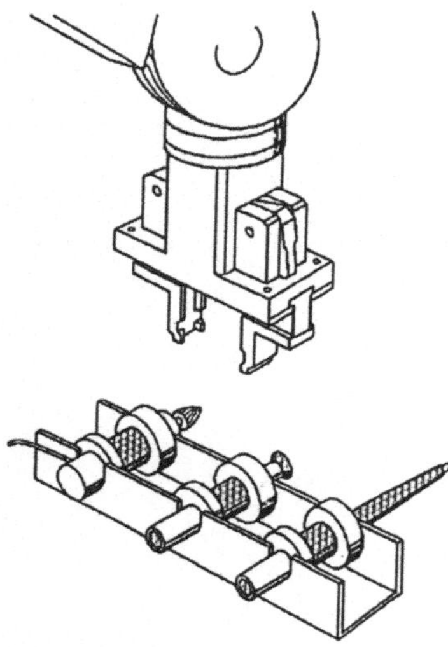

Bild 5.51
Magazin für Roboterwerkzeuge

Neben rotierenden Bearbeitungswerkzeugen kann z.B. auch ein Taststift Werkzeug sein, wenn der Roboter z.B. Prüfaufgaben erledigt. Das kommt beispielsweise bei der automatischen Funktionsprüfung von Autoradios vor. Der Roboter bedient dann nach Testprogramm Autoradiotasten und gibt Kassetten ein und aus. Nach absolviertem Test wird noch der Kontrollstempel aufgebracht.

Der Werkzeugschaft ist meistens gummiarmiert bzw. überfedert. Für das Greifen wurde ein standardisierter Parallelgreifer verwendet, der die Werkzeuge im Kraft-Formschluß packt.

5.7.3 Wechselsysteme

Besonders in der Montage kleiner Stückzahlen sind Greifer und Fügewerkzeuge laufend zu wechseln, weil ein Roboter mehrere Arbeitsoperationen nacheinander ausführt. Das ist die typische Arbeitsorganisation in Montagezellen. Die Flexibilität wird durch ein Wechselsystem erreicht. Das Wechseln geschieht normalerweise automatisch. Dabei geht es nicht nur um die sichere mechanische Kopplung, sondern auch um Verbindungen im Energie- und Informationsfluß. Dafür sind in die Wechselflansche entsprechende Steckverbinder für elektrische und bzw. oder pneumatische Leitungen eingelassen. Bei kühlungsbedürftigen Punktschweißzangen ist sogar eine Kühlwasserleitung zu koppeln. Für die mechanische Verbindung sind derzeit folgende Verriegelungsprinzipe in Anwendung:

- Haken- oder Klauenkonstruktionen; Halten durch Unterhaken der Klauen,
- Bolzen- oder Keilkonstruktionen; Nach dem Zusammenstecken werden quer ausfahrende Bolzen wirksam.
- Kugeladapterlösungen; Kugeln greifen unter einen Pilzkopf und halten den Greifer.
- Magnetprinzip; Ein Elektromagnet hält den Greifer durch magnetischen Kraftschluß.
- Bajonettkonstruktionen; Halten durch Seitwärtsdrehung eines Kopfbolzens in einer Bogennut.

Die Verriegelungselemente werden oft pneumatisch aktiviert. Eine sehr einfache Wechseleinrichtung mit einer Hakenverriegelung wird in **Bild 5.52** vorgestellt. Der Greifer wird pneumatisch über eine zentrale Luftleitung angetrieben.

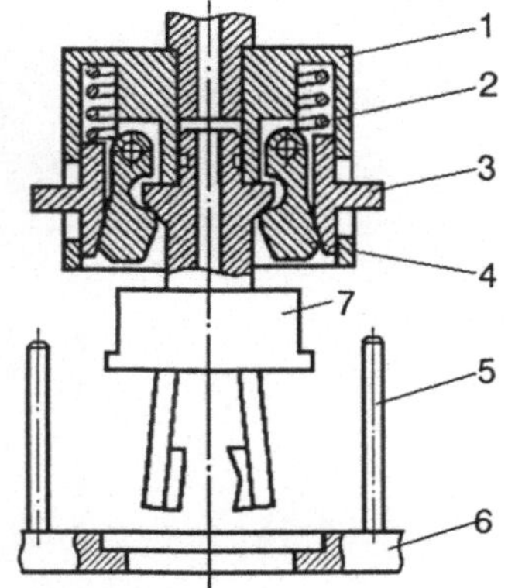

Bild 5.52
Greiferwechselsystem
1 Oberteil am Roboterarm,
2 Druckfeder,
3 Druckring,
4 Verriegelungshaken,
5 Druckbolzen,
6 Greifermagazin,
7 Greifer

Beim Anfahren des Greifermagazins stößt der Druckring auf die beiden Druckbolzen. Dadurch lösen sich die Verriegelungshaken und geben den Greifer frei.

Kontrollfragen und Aufgaben

5-18 Entwerfe Greiferbacken, mit denen die in **Bild 5.53** gezeigten Teile ohne Greifer- oder Backenwechsel nacheinander gegriffen werden können!

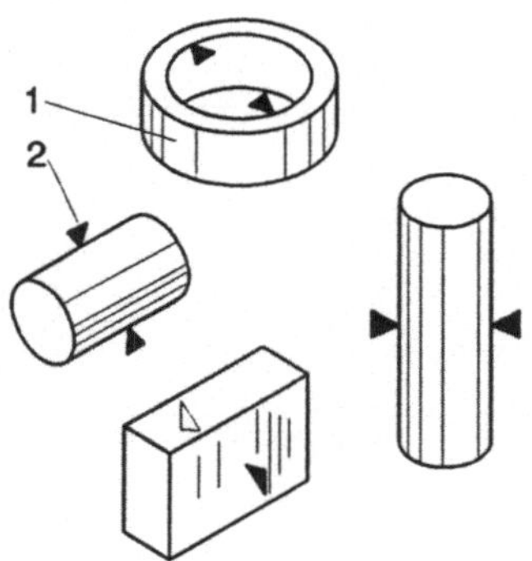

Bild 5.53
Werkstücke mit Markierung der Griffstellen

5-19 Was versteht man unter dem Begriff „Effektor"?

5-20 Es gibt viele Möglichkeiten, ein Werkstück mit dem Greifer anzufassen. Im **Bild 5.54** sind einige dargestellt. Ordne die folgenden Erklärungen den Prinzipbildern zu!

A Reines Umschließen ohne zu klemmen,
B Halten durch Haftschicht,
C Umschließen (teilweise) und klemmen,
D Halten mit Magnetfeld,
E Reines Klemmen (ohne Formpaarung),
F Halten mit Saugluft.

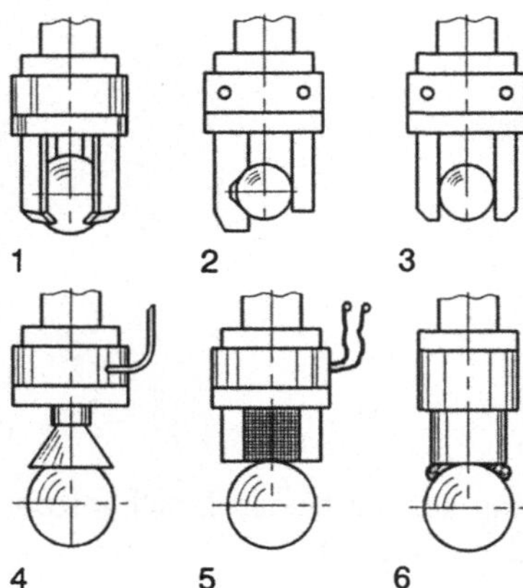

Bild 5.54
Greifprinzipe am Beispiel einer Kugel

6 Sensorische Ausstattung

Das Wort „Sensor" findet seinen Ursprung im lateinischen Wort „sensus" und bedeutet Gefühl bzw. Empfindung. Diese Übersetzung weist schon auf die Funktion eines Sensors in der Fertigungstechnik hin: Sensoren übertragen einige Wahrnehmungsfähigkeiten des Menschen auf Maschinen.

Sensoren sind also technische Fühler, Meßwertaufnehmer, die einen Roboter in beschränktem Umfang mit Sinnen ausstatten. Sie gewinnen Informationen über Eigenschaften, Zustände oder Vorgänge und stellen diese als elektrisches Signal bereit. Das eigentliche primäre Wandlungselement, das eine nichtelektrische Meßgröße aufnimmt und als elektrisches Signal weitergibt, wird auch als Elementarsensor bezeichnet.

Innere (interne) Sensoren eines Roboters sind solche in eingebauter Form, wie Weg- und Geschwindigkeitsmeßsysteme. Äußere (externe) Sensoren ergänzen die Grundfunktionen und sind, wie der Name bereits ausdrückt, kein integraler Bestandteil des Roboters, sondern ein zusätzliches Teilsystem.

6.1 Gliederung der Robotersensoren

Robotersensoren werden als sogenannte externe Sensoren u.a. für das Dosieren von Kräften und Momenten, zur Kontrolle von Anwesenheit, Ort und Orientierung von Gegenständen sowie zu deren Unterscheidung (Sortieren), zur Kollisionsvermeidung und zur Nahtverfolgung beim Bahnschweißen eingesetzt. Es lassen sich 4 Gruppen unterscheiden:

- taktile (berührende) Sensoren

Dazu gehören Kraft-Momenten-Sensoren, Rutschsensoren, die auf das Herausgleiten eines Werkstücks aus dem Greifer reagieren und alle Arten von Tastsensoren.

- Näherungssensoren

Das sind Sensoren, die zur Anwesenheitskontrolle dienen oder die Angaben zum Abstand eines Objekts vom Greifer liefern.

- visuelle (sehende, optische) Sensoren

Je nach Bauart reicht das Arsenal von der einfachen Lichtschranke für die Anwesenheitskontrolle bis zur CCD-Kamera für die automatische Mustererkennung. Das eigentliche Problem liegt vor allem in der Software, um aus den Bildinformationen verläßliche Aussagen zu gewinnen.

- auditive (hörende, akustische) Sensoren

Diese Sensoren reagieren auf hörbaren Schall oder auch auf Ultraschall. Einige sind zur Befehlseingabe in natürlicher Sprache verwendbar. Ultraschallsensoren dienen vorwiegend zur Entfernungsmessung und Anwesenheitskontrolle.

- chemische (riechende und schmeckende) Sensoren

Solche Sensoren können im weitesten Sinne als Gassensoren aufgefaßt werden. Sie analysieren Gaszusammensetzungen. Im Sicherheitsbereich zählen Rauchmelder dazu.

Sensoren, die nur zu einer einfachen Ja-Nein-Entscheidung fähig sind, werden als binäre (zweiwertige) Sensoren bezeichnet. Die Aussage kann ein- oder mehrdimensional sein. Alle „Flächensensoren" sind z.B. mehrdimensional. Eine Zuordnung wird in **Bild 6.1** getroffen.

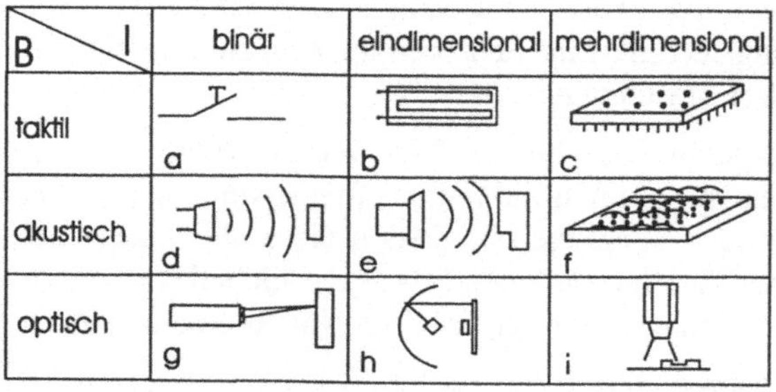

B \ I	binär	eindimensional	mehrdimensional
taktil	a	b	c
akustisch	d	e	f
optisch	g	h	i

Bild 6.1 Gliederung der Sensoren nach Bauart (B) und Informationsgehalt (I)
a) Schalter, b) Kraftaufnehmer, c) taktiler Flächensensor, d) Schallschranke, e) Doppler-Abstandsmelder, f) Ultraschallmatrix, g) Lichttaster, h) Lichtvorhang mit Diodenzeile, i) Bildverarbeitungssystem

Natürlich wünscht man sich Sensoren, die alles können. Solche Universalsensoren sind aber nicht machbar, obwohl die Integration einiger Sensoren zu einem Komplexsensor möglich ist und auch schon realisiert wurde, z.B. bei Gassensoren. Recht vielseitig scheint der Lasersensor verwendbar zu sein, besonders wenn man seine „Blickrichtung" programmiert. Das wird in einem Versuchsaufbau in **Bild 6.2** dargestellt.

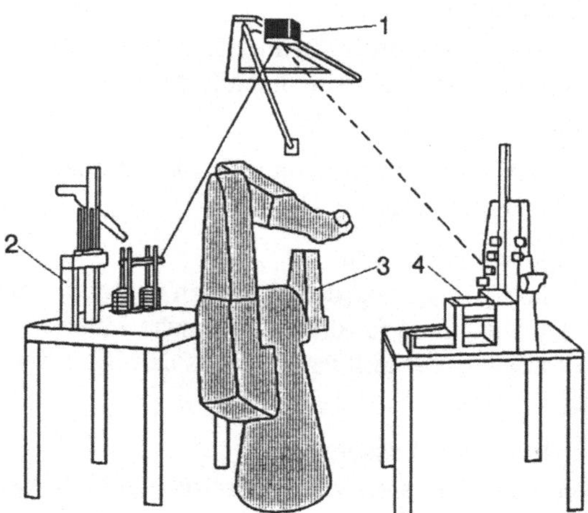

Bild 6.2 Lasersensor für Kontroll- und Überwachungsaufgaben in einer Montagezelle (iwb München)
1 programmierbarer Lasersensor, 2 Werkstückmagazin, 3 Montageroboter, 4 Montage- und Prüfvorrichtung

Über 2 programmierbare Spiegel im Innern des über der Montagezelle angebrachten Lasersensors wird der Lichtstrahl abgelenkt und gelangt nacheinander zu allen Kontrollpunkten. Das geht natürlich schnell. Gemessen wird die vom Kontrollpunkt zurückgestrahlte Lichtmenge. Kontrollpunkte sind z.B. der Füllstand eines Magazins, die Vollständigkeit einer Montagebaugruppe, die Anwesenheit eines Werkstücks im Greifer und sogar eine Prüfeinrichtung in der Peripherie des Roboters kann überwacht werden.

6.2 Kraft-Momenten-Sensoren

Wichtigster Vertreter der taktilen Sensoren ist der Kraft- bzw. Kraft-Momenten-Sensor, der als Aufnehmer für die physikalische Größe Dehnungsmeßstreifen verwendet. Das sind in dünne Folien eingebettete Widerstandsdrähte, die bei Dehnung ihren elektrischen Widerstand analog verändern. Man verwendet solche Sensoren hauptsächlich im Montagebereich zum Erfassen von Kräften, Drücken, Momenten, Verbiegungen und Verdrehungen (Torsion).

Der Sensor kann am Fügewerkzeug, zum Beispiel zwischen Roboterarm und Greifer, angeordnet sein. Er kann aber auch am ruhenden Teil des Montageplatzes, das ist die Aufnahme für das Montagebasisteil, angebaut sein. In beiden Fällen muß der Sensor in der Lage sein, dreidimensionale Kräfte und Momente unabhängig voneinander zu erfassen.

Dazu soll ein Beispiel folgen. In **Bild 6.3** wird ein Sensor gezeigt, der senkrechte Kräfte F und Drehmomente M feststellen kann. Man hat einen Verformungskörper so gestaltet, daß Speichen (Federn) entstehen, die sich unter Kraft- bzw. Momentenwirkung verformen. Diese Speichen sind mit Dehnungsmeßstreifen belegt und machen jede Dehnung feinfühlig mit. Damit liegen elektrische Signale vor, die proportional zur Kraft bzw. zum Moment ausschwingen. Es gibt noch viele andere Formen von Verformungskörpern. Ohne Verformungskörper geht es übrigens nicht, denn man kann Kräfte nicht direkt messen, sondern nur das, was sie anrichten.

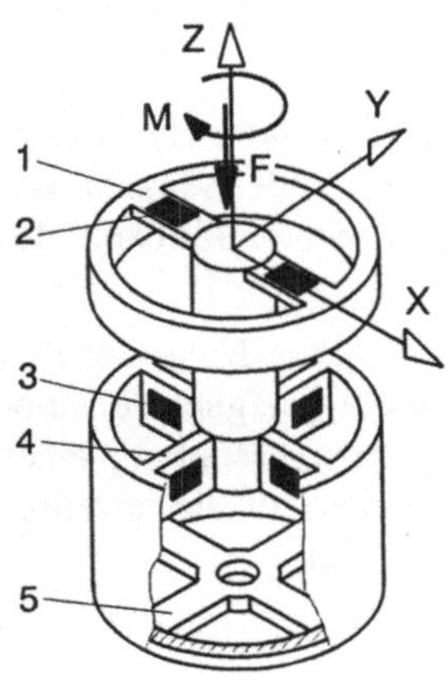

Bild 6.3
Zweikomponentensensor
1 Kraftmeßring,
2 Dehnungsmeßstreifen auf einer Biegefeder,
3 Dehnungsmeßstreifen,
4 Momentmeßfeder,
5 Stabilisierungsfeder,
F Kraft,
M Moment

6.3 Schweißsensoren

Für das Schweißen als Fügeprozeß ist typisch, daß die zu verbindenden Bleche Toleranzen aufweisen. Ein kaltverformtes Blechteil „springt" je nach Materialcharge mehr oder weniger weit auf. Beim Zuschneiden der Teile mit Brenner oder Schere kommt es zu Maßabweichungen und letztlich tritt beim Schweißen selbst auch ein Wärmeverzug auf. Das automatisierte Lichtbogenschweißen kommt in der Regel ohne Sensoren nicht aus.

Man unterscheidet aus der Sicht dieser Aufgabe 2 Arten von Sensoren. Das sind:

- Positioniersensoren

Sie dienen zum Nachfahren der vorbereiteten Schweißfuge, einschließlich dem Erkennen von Anfang und Ende der Naht. Auch der Kollisionsschutz gehört dazu.

- Prozeßsensoren

Diese Sensoren überwachen den Energiefluß (Schweißspannung, -strom), die Zusatzwerkstoffe (Schweißdraht, Schutzgas, Schweißpulver) und andere prozeßwichtige Größen.

Sehr wichtig ist natürlich die Schweißfugenverfolgung. In **Bild 6.4** werden einige Wirkprinzipe angegeben. Im einfachsten Fall kann schon eine mechanische Rollenführung helfen. Sie gibt die Bahn vor und hält den Abstand zum Blech. Das kann auch mit einer elektrischen Signalwandlung verbunden werden. Die optische Erkennung mit z.B. einer CCD-Zeile wird in verschiedenen Ausführungen auf dem Markt angeboten. Man kann auch den elektrischen Widerstand des Lichtbogens auswerten, der sich mit der Lichtbogenlänge ändert.

Eine Unterscheidung von Positionier- und Prozeßsensoren ist oft nur insofern möglich, als die Sensorsignale von der Positionier- oder der Prozeßsteuerung verarbeitet werden. Bei komplexen Systemen trifft oft beides zu. Speziell beim Lichtbogenschweißen kann man auch zwischen Sensoren unterscheiden, die direkt im Prozeß sensieren und solchen, die prozeßwichtige Größen indirekt ermitteln. Letzteres ist der Fall, wenn nicht an der Schweißstelle unmittelbar gemessen wird, sondern etwas daneben. Besonders wichtig ist natürlich die Kontrolle des Lichtbogens. Nur wenn dieser „brennt" wird ja geschweißt. Die Lichtbogensteuerung, die die Meßwerte aller Prozeßsensoren verarbeitet, sieht deshalb auch die Überwachung des Bogenlichts vor.

Natürlich kann man einen Schweißroboter auch nicht rundum mit Sensoren vollstopfen, um so für jeden erdenklichen Fall gewidmet zu sein. Mit zunehmender Anzahl von Einzelelementen bzw. -baugruppen erhöht sich leider auch die Störanfälligkeit des Gesamtsystems.

Aus der Sicht der Programmierung ist zu sagen, daß bei komplizierten Nahtverläufen erheblicher Programmieraufwand entstehen kann, wenn man nicht geeignete Positioniersensoren zur Verfügung hat. Man kann also zur sensorischen Ausstattung eines Schweißroboters keine globalen Vorgaben machen. Es kommt immer auf die jeweilige Schweißaufgabe an und welche kritischen Einflußfaktoren dabei wirken.

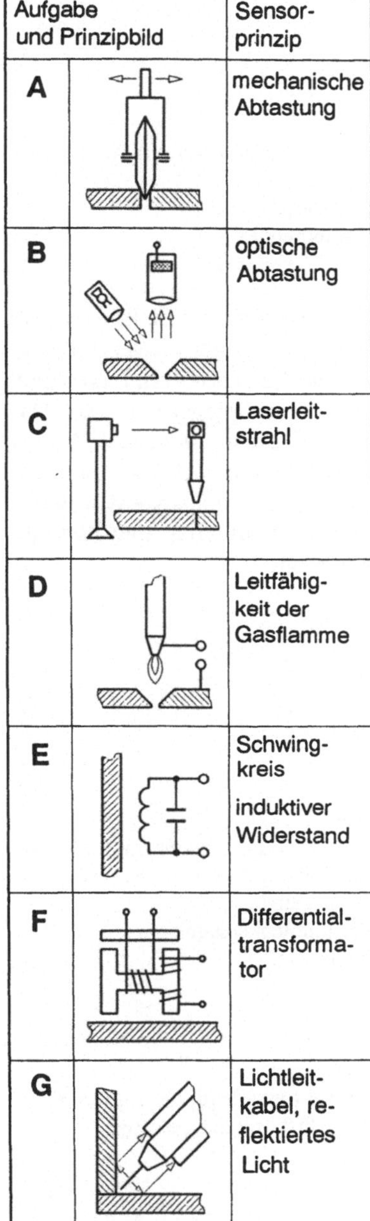

Bild 6.4
Wirkprinzip einiger Schweißsensoren
A,B Schweißkopfpositionierung auf Nahtmitte,
C Schweißen langer gerader Nähte,
D Schneidbrennerposition auf Abstand halten,
E Kollisionsschutzüberwachung durch Abstandskontrolle,
F Schweißkopfposition auf Abstand halten,
G Schweißen von Kehlnähten

Auch induktive Geber lassen sich verwenden. Das **Bild 6.5** zeigt dazu einen Magnetsensor zur Fugenverfolgung. Er besteht aus 4 Einzelsensoren, die dem Brenner etwas vorauslaufen. Zwei Sensoren dienen dazu, den Abstand des Brenners zum Blech konstant zu halten. Die beiden inneren Sensoren sollen seitliche Verschiebungen der Schweißfuge detektieren. Sprechen die inneren Sensoren ungleichmäßig an, dann erfolgt eine Bahnkorrektur nach rechts oder links.

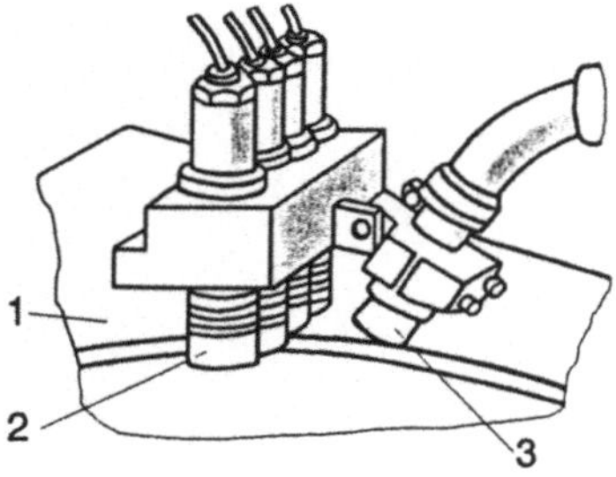

Bild 6.5
Magnetsensor zur Brennerführung
1 Werkstück,
2 Sensorkamm,
3 Schweißbrenner

In **Bild 6.6** wird ein Sensor vorgestellt, der auf optischer Basis arbeitet. Er ist in einem gekapselten Gehäuse so am Roboterflansch neben dem Schweißbrenner befestigt, daß er dem Brenner vorauseilend die Schweißfuge beobachten kann. Dazu wird ein Laserstrahl ausgesendet, der über den Fugenbereich pendelt. Das wird über Spiegel realisiert. Das Profil der Fuge bildet sich in einer CCD-Kamera ab. Der Laserstrahl pendelt 5 oder 10mal je Sekunde. Aus der Bildbearbeitung erhält man Angaben über den Abstand zur Naht, das Fugenprofil, die Spaltbreite und den Fugenquerschnitt. Daraus werden Bewegungskorrekturen ermittelt. Alles geschieht in Echtzeit, also unmittelbar und kontinuierlich. Auch Nahtanfang, -ende und Heftstellen werden erkannt.

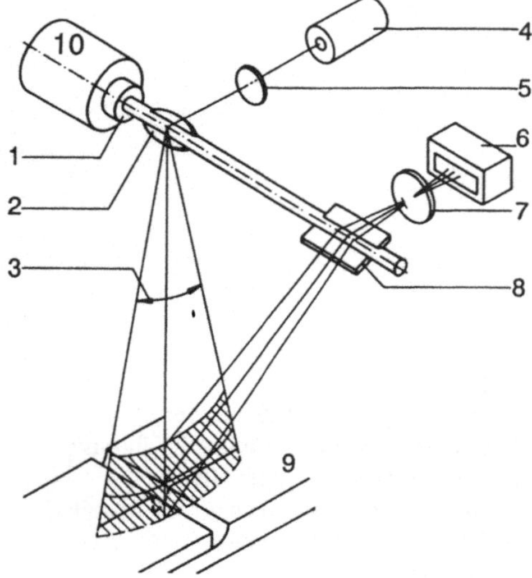

Bild 6.6
Prinzip eines Lasersensors zur Schweißfugenverfolgung (Seampilot/Cloos)
1 Winkelgeber,
2 Strahlumlenkspiegel,
3 Pendelwinkel,
4 Laser,
5 Fokussierlinse,
6 CCD-Zeile,
7 Linse,
8 Spiegel für reflektiertes Licht,
9 Werkstück mit Schweißfuge,
10 Motor

6.4 Bilderkennungssysteme

Schon 1866 hat der italienische Physiker Giovanni Caselli eine Maschine gebaut, mit der man Texte und Bilder durch zeilenweises Abtasten in elektrische Signale wandeln und über eine Drahtleitung schicken konnte. Die Bildvorlage wurde mit nichtleitender Tinte auf eine dünne Zinnplatte gebracht, auf eine Trommel gespannt und dann elektrisch abgetastet. Die Auflösung betrug bei diesem frühen Fax-Gerät 3 Zeilen je Millimeter.

Heute setzt man Bildverarbeitungssysteme ein, bei denen Halbleiterkameras eine große Rolle spielen. Nach der Art der Bilder unterscheidet man in

- Binärbildverarbeitung

Hier gibt es nur schwarze und weiße Bildpunkte. Grauwerte sind nicht vorhanden oder werden unterdrückt.

- Grauwertbildverarbeitung

Typisch ist, daß alle Grauwertschattierungen erhalten bleiben und auch ausgewertet werden.

- Farbbildverarbeitung

Alle Farben der Bildpunkte werden zusätzlich verarbeitet.

Das Ziel der Bildverarbeitung besteht darin, durch spezielle Programme bestimmte Merkmale eines Bildes hervorzuheben. Im Bild enthaltene Merkmale sind z.B. Anzahl von Objekten, Art, Position und Orientierung sowie Vollständigkeit von Strukturen. Solche Aussagen können für Sortierzwecke, zur Steuerung von Roboterbewegungen usw. verwendet werden.

Was geht bei einer Bilderkennung vor sich?

Eine Kamera, z.B. eine CCD-Matrix mit Optik, nimmt ununterbrochen eine Szene oder ein Objekt auf. Das kann z.B. im 40 ms-Takt geschehen. Dabei wird das Bild in einzelne Bildpunkte aufgelöst und zu jedem Bildpunkt gehört ein Wert für die empfangene Lichtintensität. Diese elektrischen Ladungspakete gehen als Signale in die Bildverarbeitung ein. Wird ein Bild in 1024 x 1024 Pixel (Bildpunkte) zerlegt, hat man immerhin mehr als 1 Million Bildpunkte zu behandeln. Damit ein verwertbares Ergebnis zustande kommt, sind etliche Manipulationen mit den Daten vorzunehmen, wie Bildsäuberung, Bildrestauration wenn Störungen im Bild vorhanden sind, Zerlegung in bedeutungsvolle Bestandteile u.a. Wegen der Datenmenge sind die rechentechnischen Anforderungen hoch und außerdem sind die Algorithmen zur Auswertung anspruchsvoll.

In der Industrie geht es fast immer um das Wiedererkennen eines Werkstücks oder um Teilansichten davon. Der Rechner weiß also, was alles vorkommen kann und vergleicht das aktuelle Bild mit abgespeicherten Referenzmustern (**Bild 6.7**). Selbständiges „Bildverstehen" ist vorläufig so gut wie nicht erreichbar. Dazu bedarf es noch etlicher Fortschritte durch Künstliche Intelligenz. Insgesamt jedoch haben Bilderkennungssysteme einen guten Stand erreicht, insbesondere was Auswertegeschwindigkeit und Zuverlässigkeit betrifft.

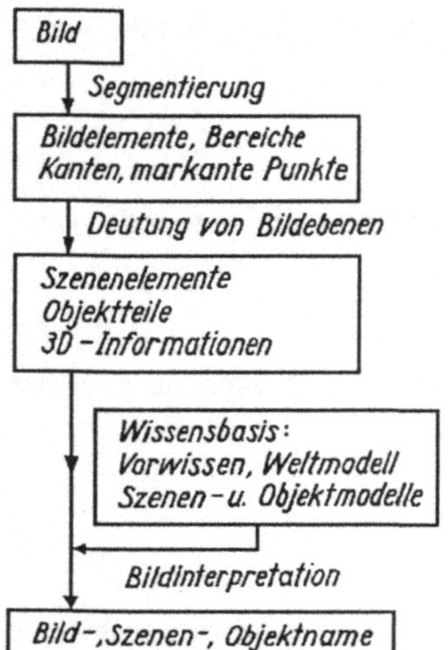

Bild 6.7
Struktur eines bildverstehenden Systems

Das **Bild 6.8** zeigt eine Anwendung, bei der es um das Auftragen von Klebstoffraupen geht. Über mehrere Kameras wird das Werkstück, das auf einem Transportband bereitgestellt wird, beobachtet. Je nach Lage wird dann der Roboter (nicht mit dargestellt) so gesteuert, daß der Klebstoff „nach Zeichnung“ aufgetragen wird. Erkennt die Bildauswertung ein anderes Werkstück, dann wird automatisch das dazugehörige Programm aufgerufen. Zum Schluß wird die Lage der Kleberaupen geprüft. Das genaue Lokalisieren eines Werkstücks auf optischem Weg kann auch in der Zuführtechnik genutzt werden.

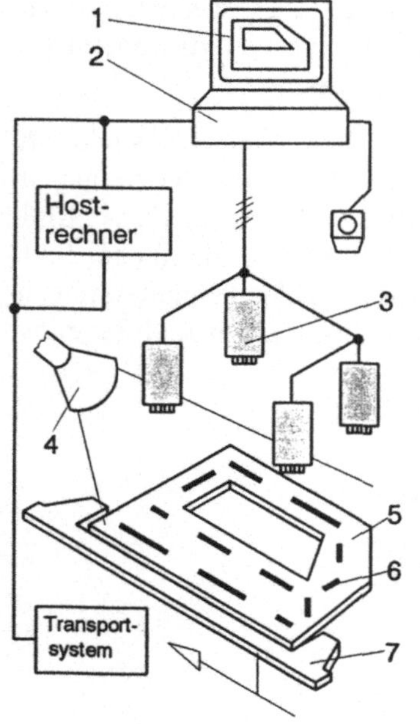

Bild 6.8
Prinzipieller Aufbau und Ablauf in einem kompletten System zur Kleberaupenüberwachung
1 Monitor,
2 Bildverarbeitungsrechner,
3 Kamera,
4 Beleuchtung,
5 Werkstück, Prüfobjekt,
6 Kleberaupe,
7 Förderer

In einem anderen Beispiel geht es um die Koordinatenbestimmung von Zylinderköpfen, die sich auf einer Palette befinden. Sie werden einem Portalroboter präsentiert, der sie einzeln aufnehmen und einer Maschine zuführen soll. Über Bildverarbeitung wird durch eine Grauwertgradienten-Analyse die Kontur (**Bild 6.9**) der Objekte erarbeitet. Dann sind die Position, die Orientierung und der Zylinderkopftyp zu erkennen, damit der Greifer des Roboters an der richtigen Stelle anfassen kann. Über Lernprogramme kann man das System an verschiedene Objektformen anpassen. Das Umsetzen der Bildkoordinaten auf die Greiferkoordinaten des Roboters wird von der Steuerung erledigt. Für die Aufnahmetechnik sind die Lichtverhältnisse und die Reflexionseigenschaften der Objekte wichtig.

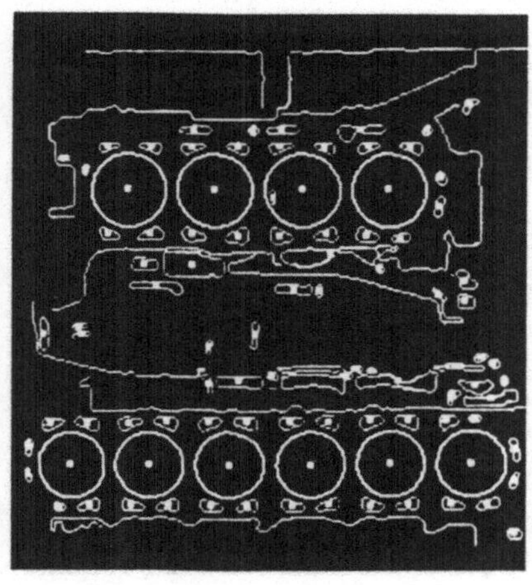

Bild 6.9
Zylinderköpfe auf einer Palette im Konturbild (ISRA)

Auch bei der Reifenmontage kann die Mustererkennung wichtig sein. Hochleistungsreifen haben eine vorgeschriebene Laufrichtung. Eine Kontrolle des Reifenprofils auf dem Transportband muß also sicherstellen, daß die Montage tatsächlich nur in dieser Richtung erfolgt. Für einen Prüfer ist das eine anstrengende Arbeit. Ein Bildverarbeitungsystem schafft das ohne Ermüdung. Bei einer Fehllage wird automatisch eine Handhabungseinrichtung aktiviert, die den Reifen umdreht.

Kontrollfragen

6-1 Durch welches Verfahren kann ein Industrieroboter unterschiedliche Lochmuster einer Felge erkennen?

6-2 Welche Werkstoffe kann ein induktiver Sensor erkennen?

6-3 Welche Sensoren werden benötigt, um zwischen Schwarz, Rot und Metall unterscheiden zu können?

6-4 Erläutern Sie den Begriff „Elementarsensor“!

7 Programmierung

Für die Wirtschaftlichkeit einer Roboteranwendung ist der Zeitbedarf für die Ausarbeitung von anforderungsgerechten und fehlerfreien Anwenderprogrammen besonders wichtig. Programmieren heißt, ein Programm erstellen und es in die Robotersteuerung eingeben. Dabei ist das Programm selbst die Aufeinanderfolge aller Informationen, die das Handhabungssystem zur Durchführung eines Bewegungs- oder Arbeitszyklus braucht. Da sich aus der Analyse der Arbeitsaufgabe, den Einsatzbedingungen und der Beweglichkeit von Robotern verschiedene Anforderungen an die Programmierung ergeben, existieren auch verschiedenartige Programmierverfahren. Jede Robotersteuerung kann Programme in mindestens einer Programmiersprache abarbeiten.

7.1 Programminhalt

Ein Arbeitsprogramm muß alles enthalten, was für den vollständigen Arbeitsablauf des Industrieroboters im technologischen Prozeß gebraucht wird. Dazu gehören:

- Beschreibung der Bewegungsgeometrie,
- Beschreibung der Ablauffolge,
- Kontrolle und Überwachung sowie
- Kommunikation.

Die erforderlichen Instruktionen werden in Form von Elementaranweisungen vorgegeben. Typische Strukturelemente sind in **Bild 7.1** aufgeführt.

Je nach Industrierobotertyp werden die Anweisungen in unterschiedlichem Umfang verwendet. Programmanfang und -ende sind Anweisungen organisatorischer Art, während Sensor-Verarbeitungsfunktionen vom Arbeitsprogramm meistens nur ein- oder ausgeschaltet werden. Die Sensordatenverarbeitung geschieht dann in Extraprogrammen. Programmschleifen lösen eine Wiederholung eines bestimmten Programmabschnittes aus. Das kann mit und ohne Bereitstellung von Parametern erfolgen. Das wird z.B. gebraucht, wenn man gestapelte Werkstücke von einer Palette abgreifen will. Das Warten in einer definierten Position ist typisch, wenn aus technologischen Gründen, z.B. Bearbeitung eines Teiles in der Maschine, die Programmabarbeitung solange unterbrochen wird, bis die Maschine eine Fertigmeldung ausgibt. Logische Anweisungen werden z.B. nötig, wenn Abhängigkeiten zu beachten sind, wie z.B. „Ist Werkstück anwesend? Wenn ja, Greifer schließen!“

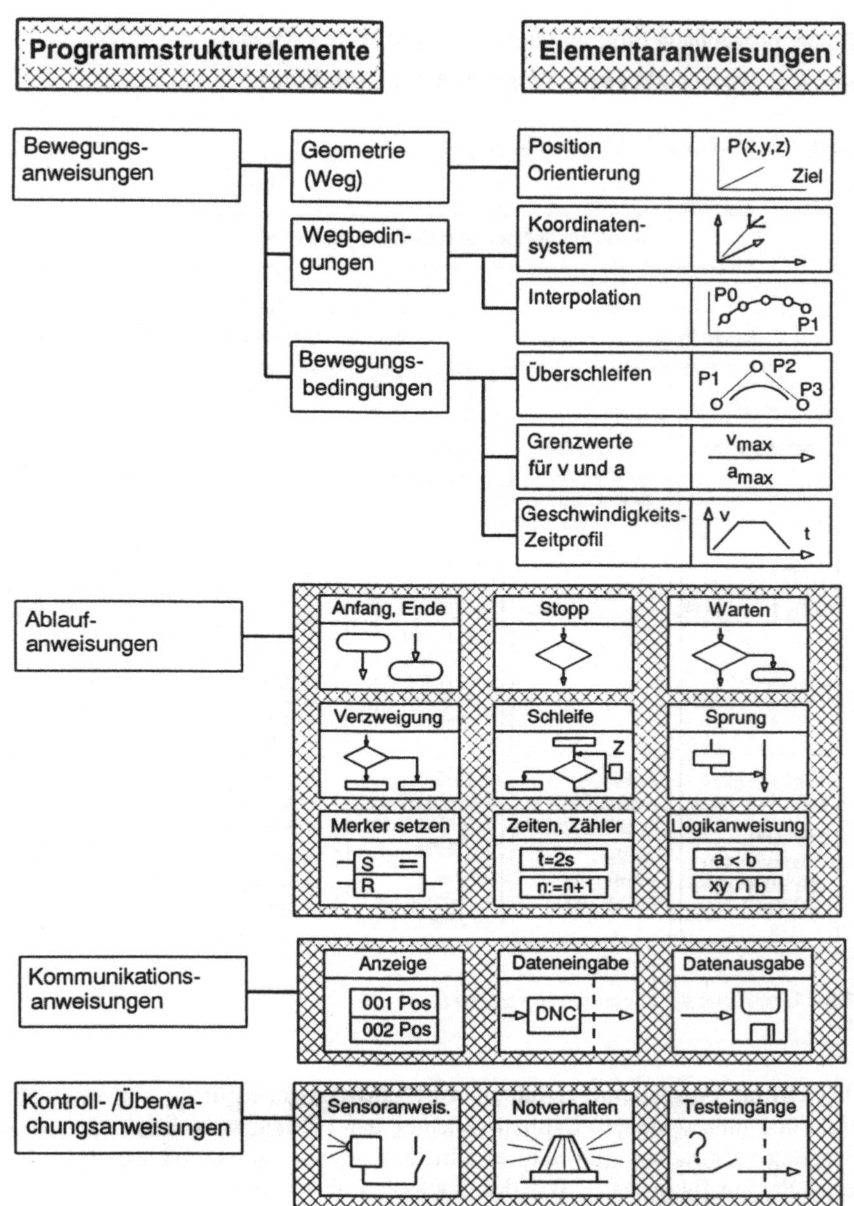

Bild 7.1 Typische Strukturelemente für Arbeitsprogramme

7.2 Programmierverfahren

Beim Programmieren von Industrierobotern werden verschiedene Verfahren eingesetzt, die man wie folgt einteilen kann:

- direkte, prozeßnahe Programmierung (in der Werkstatt) und
- indirekte, prozeßentkoppelte Programmierung (im Büro).

Das **Bild 7.2** zeigt das im Überblick.

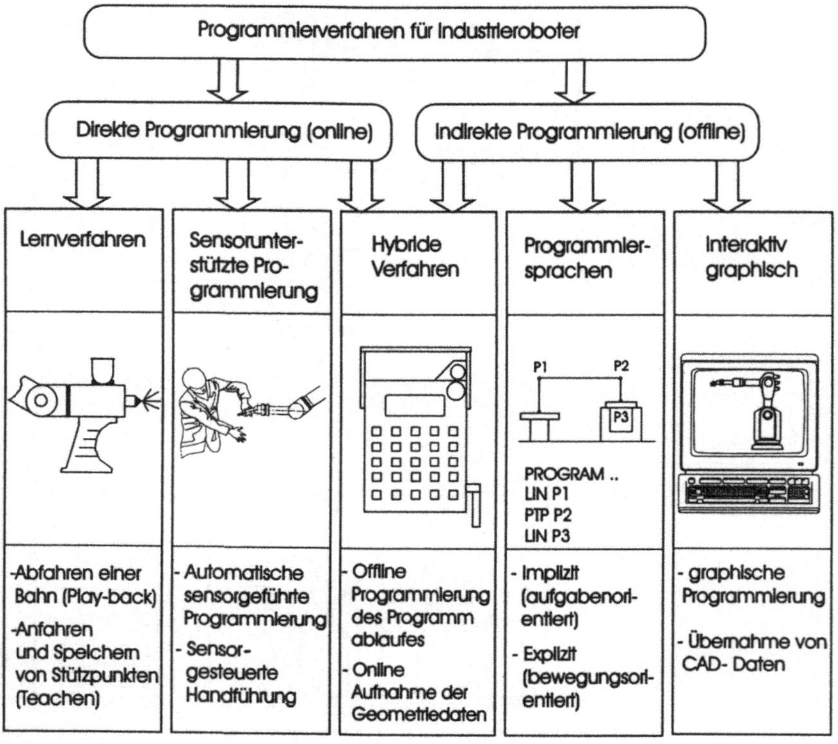

Bild 7.2 Einteilung der Programmierverfahren

Bei den Offline-Programmierverfahren wird außerdem in explizite und implizite Programmierung unterschieden. Explizit bedeutet, daß die Angaben direkt für eine Roboterbewegung verwendbar sind, d.h. es wird beschrieben, welche Aktionen der Roboter nacheinander ausführen soll. Bei der impliziten Programmierung wird dagegen die Handhabungsaufgabe mit einer aufgabenorientierten Sprache beschrieben, z.B. „Bewege Objekt 1 vom Punkt 1 zum Punkt 2". Welche Armwinkelstellungen dazu nötig sind, also die Weginformationen, das wird vom System automatisch errechnet.

Als hybride Programmierung (Mischverfahren) bezeichnet man solche Verfahren, bei denen die Bewegungsprogrammierung prozeßnah erfolgt, also Online, und die Ablaufprogrammierung prozeßfern, also Offline. Man erstellt im Büro (Bildschirm) zunächst ein Programmgerüst, das auch schon die Bewegungsbefehle enthält. Die Koordinatenangaben bleiben dabei offen. Die Bahnpunkte werden anschließend in der Maschinenhalle im Teach-in Verfahren eingelernt.

7.2.1 Online-Programmierung

Online-Programmiersysteme wurden erstmalig zu Beginn der achtziger Jahre am Markt angeboten. Es sind Lernverfahren, bei denen einem Roboter gezeigt wird, was er zu machen hat. Das Programmieren geschieht vor Ort unter Benutzung des Roboters. Das ist ein Nachteil, denn während des Programmierens kann der Roboter nicht produktiv arbeiten. Es werden zwei Methoden genutzt:

- Teach-in Programmierung und
- Playback Programmierung.

Beim Teach-in Verfahren nimmt der Programmierer eine Teachbox zur Hand (**Bild 7.3**) und fährt alle Raumpunkte durch Betätigen von Funktionstasten nacheinander an.

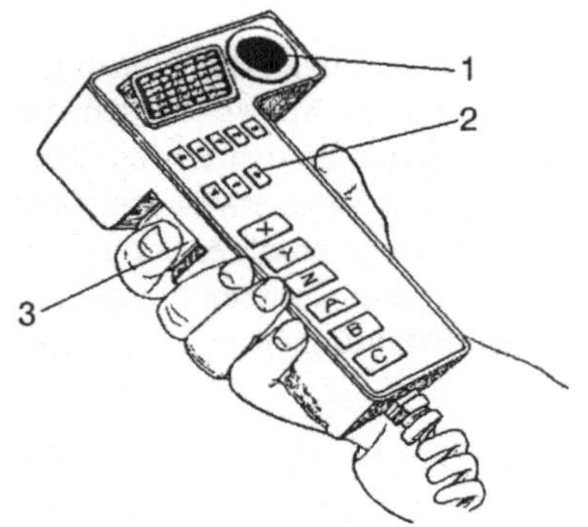

Bild 7.3
Programmierhandgerät
1 Not-Aus-Taster,
2 Programmiertasten,
3 Zustimmungsschalter

Der Roboter bewegt sich dabei mit der Kraft seiner eigenen Antriebe. Hat der Effektor einen vorgesehenen Raumpunkt exakt erreicht, dann werden seine Koordinaten per Tastendruck gespeichert. Durch Eingabe weiterer Bewegungsanweisungen, wie Geschwindigkeits- und Beschleunigungsvorgaben oder die Definition der Steuerungsart (Punkt- oder Bahnsteuerung) lassen sich komplexe Bewegungsabläufe programmieren. Der Programmierer hat dem Roboter gelehrt, welche Punkte oder Bahnen zu absolvieren sind. Der Roboter wiederholt das beliebig oft und automatisch.

In der Regel läuft der Programmiervorgang ohne Rückmeldungen zum Programmierer ab. Es gibt aber auch Varianten, bei denen mit einem Joystick Bewegungen veranlaßt werden. Dabei wird die Motorik der menschlichen Hand (Bewegungen, Drehungen, Kräfte, Momente) erfaßt und daraus Signale zur Steuerung der Roboterantriebe erzeugt. Umgekehrt spürt der Programmierer taktile (berührende) Kräfte in seiner Hand. Kraftwirkungen werden also rückgekoppelt, wie es schon früher bei den elektrischen Master-Slave-Manipulatoren eingeführt wurde.

Bei der Playback-Programmierung wird das Führungsgetriebe vom Programmierer angefaßt und von Hand entlang einer gewünschten Raumkurve bewegt (**Bild 7.4**). Die Antriebe der Achsen sind dabei abgestellt. Die Gewichtskräfte des Armes sind kompensiert.

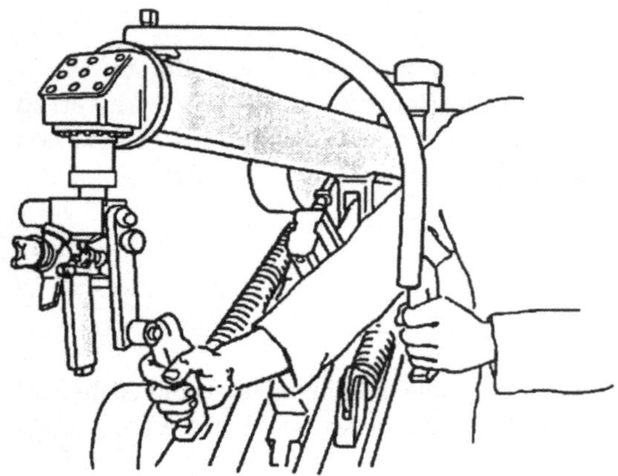

Bild 7.4
Programmieren eines Farbspritz-roboters durch Vorführen (Playback-Programmierung)

Beim Bewegen werden von den Wegmeßsystemen alle Winkelstellungen des Führungsgetriebes in einem Zeit- oder Wegraster erfaßt und abgespeichert. Später werden die abgespeicherten Informationen benutzt, um den Roboter im Automatikbetrieb zu steuern. Gegebenenfalls kann man die aufgenommenen Programme auch etwas schneller ablaufen lassen. Ein großer Vorteil besteht darin, daß man Bahnen abfahren kann, die sich sonst kaum analytisch beschreiben lassen. Das ist z.B. beim Farbspritzen komplexer Freiformflächen typisch. Tatsächlich geht hier ein Teil der Erfahrungen eines Lackierers in das Programm ein und wird für alle Zeiten archiviert.

Online erstellte Programme sind in ihrem logischen Aufbau meistens recht einfach. Sie lassen sich nur bis zu einem mittleren Schwierigkeitsgrad mit vertretbarem Aufwand erstellen.

Nun soll noch ein Beispiel für die Struktur eines Bedienerprogramms folgen und zwar für die Programmiermethode „Teach-in". Es steht uns das in **Bild 7.5** gezeigte Hauptmenü zur Verfügung. Es verzweigt sich in die Untermenüs, die für folgende Handlungen vorgesehen sind:

- Positionieren

Es werden die Positionen festgelegt, die während des Arbeitsablaufs benötigt werden. Ist die Position erreicht, wird sie abgespeichert. Man kann sie auch als Position im X-Y-Z-Koordinatensystem eintippen. Positionen lassen sich auch relativ zu anderen, bereits abgespeicherten Punkten, eingeben. Das Ergebnis ist das Ablaufprogramm. Man kann alle gespeicherten Positionen per Programm auflisten, löschen und ausdrucken.

- Editieren

Es wird das Arbeitsprogramm erstellt. Dafür steht eine Auswahl von Befehlen zur Verfügung, z.B. O „Öffne Greifer", C „Schließe Greifer", „Warte...Sekunden", „Rufe Unterprogramm", „Setze Zähler". Das geschriebene Programm kann korrigiert oder ergänzt, gelistet, gelöscht oder ausgedruckt werden.

■ Programmhandhabung

Dieses Unterprogramm ermöglicht die Programme samt der Positionen auf Diskette abzuspeichern oder von dort zu laden. Der Disketteninhalt wird auf dem Bildschirm angezeigt.

■ Programmablauf

Im Programmablauf kann man die erstellten Programme ausführen, und zwar in verschiedenen Betriebsarten, wie Einzelsatz, einmaliger Programmablauf und ständige Programmwiederholung.

■ Grundstellung

Dieses Programm benutzt man, um die Nullposition, die Grundstellung und das automatische Anfahren zu erreichen. Man kann auch eine beliebige Position als „Null" definieren und den Greifer nullen.

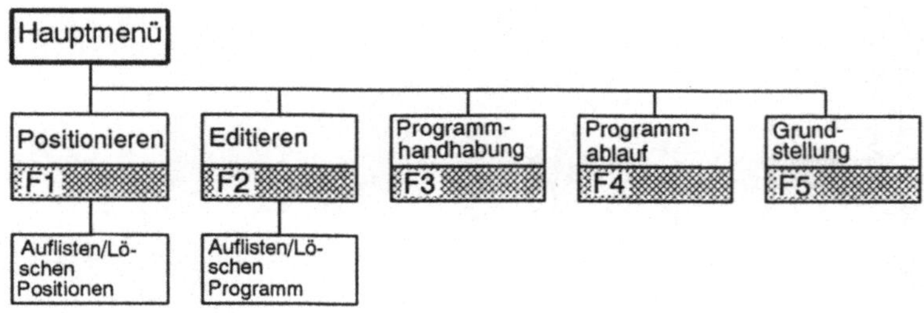

Bild 7.5 Struktur des Bedienerprogramms einer Robotersteuerung

7.2.2 Offline-Programmierung

Die Offline-Programmierung kann ohne direkte Inanspruchnahme des Roboters vorgenommen werden. Zeit und Ort sind also nicht gebunden. Das ist für die Ausnutzung teuerer Robotertechnik in der Produktion günstig. Offline-Programme werden in der Arbeitsvorbereitung erstellt. Es sind folgende Möglichkeiten vorhanden:

- textuelle Programmierung mit höheren Programmiersprachen und
- Programmerzeugung durch CAD/CAM-Kopplung.

Textuelles Programmieren heißt, unter Benutzung von Anweisungen einer Programmiersprache vorzugeben, welche Aktionen der Reihe nach ablaufen müssen. Der Programmierer braucht ein gutes räumliches Vorstellungsvermögen, denn nicht nur die Positionen z.B. eines Werkzeugs müssen berücksichtigt werden, sondern auch die Orientierungen (Achsenausrichtung). Deshalb kann eine grafische Unterstützung per Bildschirm sehr hilfreich sein.

Die zur textuellen Programmierung verwendeten Programmiersprachen unterscheiden sich im Aufbau und im Leistungsumfang erheblich. Eine erste Überlegung in Richtung einer Standardisierung ist die IRDATA-Schnittstelle (IRDATA = Industrial Robot Data). Der IRDATA-Code ist allerdings ein reiner Zahlencode, der nur für die maschinelle Interpretation vorgesehen ist. Man kann also am Programmierplatz mit einer der üblichen Robotersprachen programmieren und das Programm wird dann durch ein Übersetzungsprogramm (Compiler) in den IRDATA-Code gewandelt (**Bild 7.6**). Die dann angesprochene Robotersteuerung nimmt das Programm über einen IRDATA-Interpreter auf. Somit lassen sich Roboter verschiedener Hersteller mit unterschiedlichen Programmiersprachen Offline programmieren.

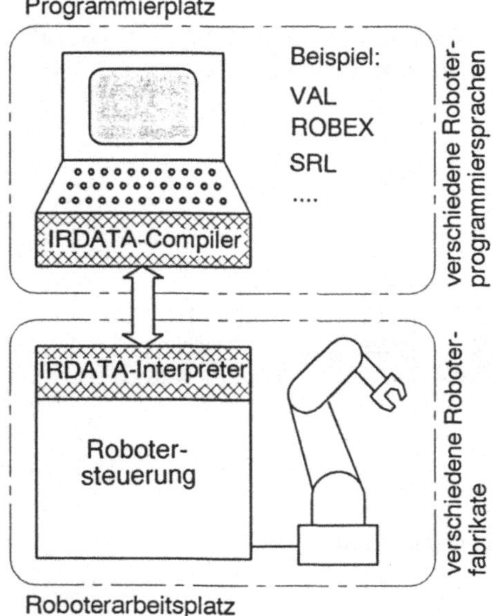

Bild 7.6
IRDATA Schnittstelle (DIN 94)

Man kann die Programmiersprachen in 3 Gruppen einteilen:

- Sprachen zur Beschreibung von Effektoraktionen,
  wie z.B. ALFA, MAL, ML, SIGLA, VAL, WAVE;
- Sprachen zur Beschreibung der zu manipulierenden Objekte,
  wie z.B. AL, AUTOPASS, RAPT und
- Sprachen zur Beschreibung spezifischer Aufgaben,
  wie z.B. CONNIVER, PLANNER, MICRO-PLANNER, QLISP und SAIL.

Als nächstes soll ein Beispiel für die Roboter-Programmierung in der Sprache BAPS vorgestellt werden.

Beispiel: In **Bild 7.7** wird eine Roboteranwendung für den Klebstoffauftrag gezeigt.

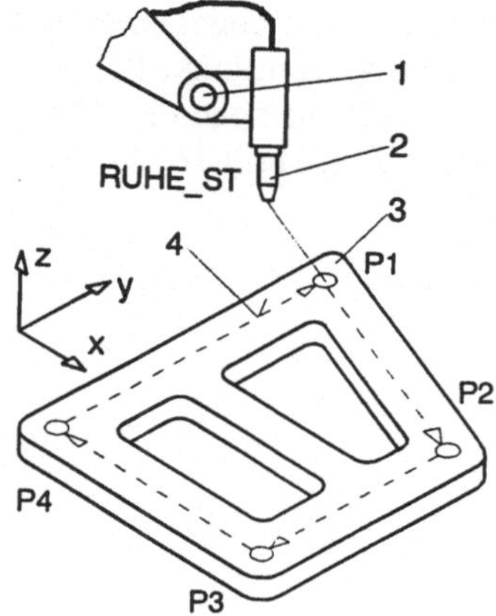

Bild 7.7
Beispiel für den Klebstoffauftrag mit dem Industrieroboter
1 Industrieroboter,
2 Dosierdüse,
3 Werkstück,
4 Bahn der Klebstoffraupe

Die Programmierung wird in BAPS (Bewegungs- und ablauforientierte Programmiersprache von Bosch) vorgenommen. Die Anweisungen werden in Klarschrift erteilt. Die Ruheposition RUHE_ST wird mit X=380, Y=200, Z=0 und U=0 als Punktvariable eingegeben. Die Punkte P1 bis P4 werden im Teach-in Verfahren eingelernt. Das Programm sieht folgendermaßen aus:

```
1  PROGRAMM KLEBEN
2  ;:::::::::::::::::::::::::::::::
3  ;:::DEKLARATIONEN::::::
4  AUSGANG: 5=KLEBERDOS
5  V_PTP = 80%
6  V = 15
7  RUHE_ST = (380,200,0,0)
8  ;::::::::::::::::::::::::::::::::::::
9  ;:::HAUPTPROGRAMM::::::
10 FAHRE NACH P1
11 KLEBERDOS = 1
12 WARTE 0.3
13 FAHRE LINEAR UEBER P2,P3,P4
14 FAHRE LINEAR NACH P1
15 KLEBERDOS = 0
16 FAHRE NACH RUHE_ST
17 ENDE
```

Was passiert nun dabei? Im Schritt 1 wird das Programm „Kleben" geöffnet. Dann wird mit 4 festgelegt, daß ein Steuerungsausgang Nr. 5 für die Kleberdosierung genutzt wird. Im Schritt 5 wird die Punkt-zu-Punkt Verfahrgeschwindigkeit auf 80% eingestellt. Für die Linearfahrt ist im Schritt 6 eine Verfahrgeschwindigkeit von 15 mm/s festgelegt worden. Dann ist in Schritt 7 noch die Verweilposition deklariert. Im Hauptprogramm wird dann die PTP-Fahrt zum Punkt P1 angewiesen (Schritt 10) und die Kleberdosierung eingeschaltet (Schritt 11). Bis der Kleber fließt, muß der Roboter warten (Schritt

12) und zwar 0,3 s. Dann werden die Punkte P2 bis P4 überschleifend abgefahren und zwar mit v = 15 mm/s. Das ist der Schritt 13. Dann geht es zurück zum Punkt P1. Nun muß im Schritt 15 der Klebstoff-Fluß abgeschaltet werden. Es fehlt nur noch das Abheben vom Werkstück und das Parken in der Ruheposition RUHE_ST (Schritt 16).

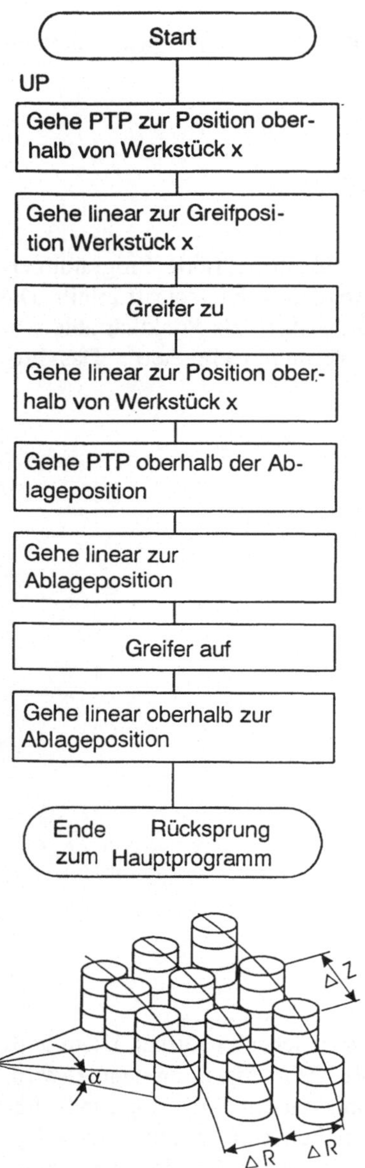

Bild 7.8
Beispiel für eine Programmierroutine
UP Unterprogramm

Für öfters wiederkehrende Bewegungsfolgen werden gern Unterprogramme geschrieben. Sie können in einem Zyklus mehrfach aufgerufen und gegebenenfalls auch mit den aktuellen Parametern versehen werden. Ein Beispiel wäre das Zuführen von Werkstükken, die in einem bestimmten Muster gestapelt sind (**Bild 7.8**). Die Verschiebung um ΔR sowie die Verschiebung des Basiswinkels α wird jeweils im Hauptprogramm vorgenommen. Der Parameter x wird an das Unterprogramm übergeben.

Die verschiedenen Programmiersprachen zeigen oft große Ähnlichkeiten. Stellt man für eine typische Bewegungssequenz die Programme einmal gegenüber, dann werden Übereinstimmungen deutlich sichtbar.

Beispiel 1: BAPS-Programm (Bosch)

```
......
A=(0,100,200,0)
B=(0,100,10,0)
C=(300,100,200,0)
D=(300,100,10,0)
......
FAHRE UEBER A NACH B
GREIFER=1
WARTE 0.2
FAHRE UEBER A NACH C
FAHRE NACH D
GREIFER=0
......
```

Beispiel 2:
AML/2-Programm (IBM); AML ist eine Abkürzung für A Manipulator Language.

```
......
A:NEWPT(0,100,200,0)
B:NEWPT(0,100,10,0)
C:NEWPT(300,100,200,0)
D:NEWPT(300,100,10,0)
......
PMOVE(A);
PMOVE(B);
GRASP( );
WAIT(0.2);
PMOVE(C);
PMOVE(D);
RELEASE( );
......
```

Beispiel 3:
VAL-II-Programm (Unimation); VAL ist eine Abkürzung für Vic Arm Language.

```
......
SET A=TRANS(0,100,200,90,90,0)
SET B=TRANS(0,100,10,90,90,0)
SET C=TRANS(300,100,200,90,90,0)
SET D=TRANS(300,100,10,90,90,0)
......
MOVE A
MOVE B
CLOSE I
DELAY 0.2
MOVE A
MOVE C
MOVE D
OPEN I
......
```

Wir sehen, daß in den Programmen zuerst die Wertzuweisungen vorgenommen werden. Bei BAPS und AML/2 gibt die vierte Koordinate die Greiferstellung an, bei VAL-II sind es die jeweils letzten 3 Koordinaten (Roboter mit Freiheitsgrad 6). Dem folgen die Bewegungsangaben, z.B. durch das Symbol MOVE. Die Anweisung MOVE A bedeutet „Bewege dich zum Raumpunkt A". Weitere Anweisungen sind z.B. GREIFER 1 für „Greifer schließen" und „WARTE 0.2", wenn der Roboter für die Zeitdauer von 0,2 s verschnaufen soll, um sicher zu gehen, daß die Greiferbacken auch wirklich schon zugepackt haben, ehe die Bewegung fortgesetzt wird.

Es gibt übrigens mehr als 300 Roboterprogrammiersprachen. Eine Standardisierung wie bei den NC-Sprachen zur Werkzeugmaschinenprogrammierung wurde versäumt. Allerdings basieren einige Sprachen auf Rechner-Programmiersprachen. So sind z.B. AL aus ALGOL, AUTOPASS aus PL/1 und MAL aus BASIC abgeleitet.

Graphisch unterstütztes Offline-Programmieren verläuft etwas anders. Hier spielt die Visualisierung am Bildschirm die entscheidende Rolle. Der zu programmierende Roboter wird aus einer Bibliothek auf den Bildschirm geholt, ebenso wird das Umfeld des Roboters grafisch dargestellt. Dazu gehören solche Komponenten, wie Förderband, Magazin, Vereinzelungseinrichtung usw. als 3D-Modell. Außerdem kann der Benutzer die Parameter jedes einzelnen Systems frei definieren. Mit dem Modellierer lassen sich auch ausgefallene Gelenkkonstruktionen nachbilden. Inzwischen gibt es solche Programmiersysteme auch für den PC.

Man erzeugt aber nicht nur das Programm, sondern man kann es auch mit Hilfe der Simulation testen, Kollisionsprüfungen vornehmen und sogar Zykluszeiten optimieren. Dabei ist allerdings zu beachten, daß ein so erzeugtes Programm nur dann in der Realität richtig arbeiten wird, wenn das Modell im Computer mit der realen Umwelt des Roboters genau übereinstimmt. Bereits kleine Differenzen können sich sehr nachteilig auswirken. Deshalb muß man den Roboter kalibrieren, d.h. es werden die wirklichen

Maschinenparameter festgestellt, z.B. Armlängen und Abstände zu Peripheriepunkten. Diese Angaben erhält die Steuerung. Sie bezieht das als Fehler in die Korrekturrechnungen mit ein.

Das Kalibrieren ist normalerweise eine recht aufwendige meßtechnische Sache. Es gibt aber neuerdings auch Systeme, die das etwas vereinfachen. Man kann das mit vertretbarer Genauigkeit in etwa 90 min für einen Roboterarbeitsplatz erledigen.

7.3 Simulationsprogramme

Wo früher die Verwendbarkeit eines Bewegungsprogramms erst im Testlauf zu ermitteln war, werden heute mit Hilfe der Computersimulation bereits erhebliche Kosten eingespart. Es geht hierbei nicht nur um die Simulation eines einzelnen Roboters, sondern immer mehr um ganze Fertigungsabschnitte mit mehreren Robotern. Die Hauptbestandteile eines solchen Planungs- und Simulationssystems werden in **Bild 7.9** genannt.

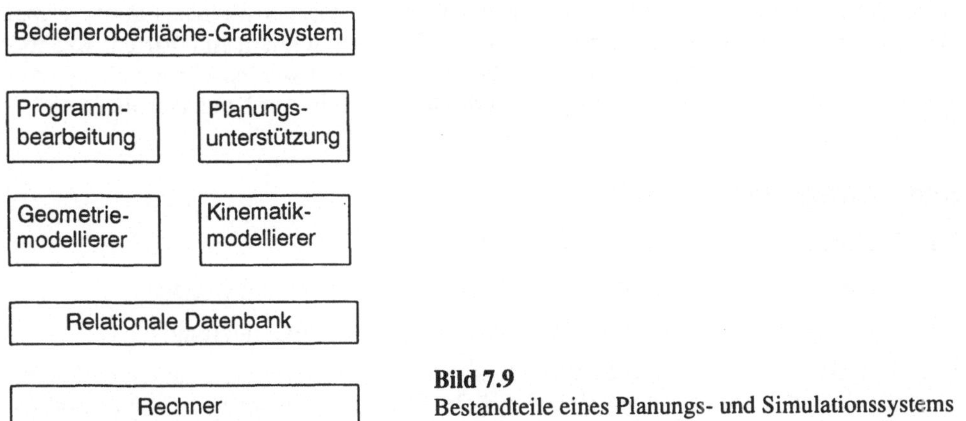

Bild 7.9
Bestandteile eines Planungs- und Simulationssystems

Um Rechenzeit zu sparen, werden die Bestandteile z.B. einer Fertigungszelle einschließlich der Roboter nur grob modelliert, wie es in Bild **7.10** an einem Beispiel zu sehen ist.

Allerdings müssen die Abmessungen der Gelenkmechanismen und der Peripherie schon genau bekannt sein. Man kann auf diese Weise Programme erproben, kann sie ändern, ohne schon reale Geräte zu besitzen oder welche aus der laufenden Fertigung in Anspruch nehmen zu müsssen. Will man etwas programmtechnisch probieren, bleibt ein eventueller Crash ohne Folgen. In der Realität hätte man vielleicht bei einer unbedachten Aktion die Greiferhand abgebrochen. Aus Schaden klug werden heißt hier lediglich, das Programm zu ändern. Man sagt, das Programm wird graphisch interaktiv getestet. Ist es fertig, wird es über eine Schnittstelle in die Robotersteuerung überspielt. Ein Probelauf wird aber dann trotzdem noch absolviert, um festzustellen, ob man auch wirklich alle Einflußfaktoren beim Simulieren erfaßt hat.

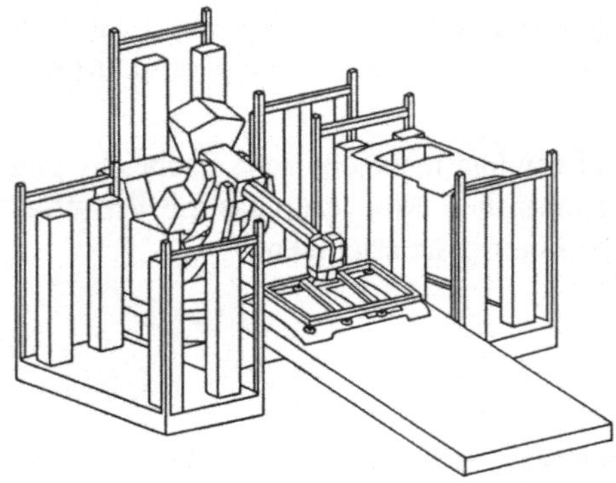

Bild 7.10
Ein Industrieroboter handhabt Dachblenden für PKW-Karosserien – eine Bildschirm-Simulation

Inzwischen wird auch Virtual Reality für die Roboterprogrammierung fit gemacht. Virtuelle Realität ist eine im Computer erzeugte Scheinwelt, in der auch der Bediener bzw. Programmierer mit seiner „Datenhand" erscheint. Man kann auch hier komplette Fertigungssysteme modellieren und in Aktion versetzen. Der Roboterarm läßt sich (scheinbar) mit der Datenhand anfassen und in die Wunschpositionen führen. Dabei geht es aber nicht nur um eine bessere Anschaulichkeit, sondern mit Virtual Reality-Tools soll ein Roboter einfacher und schneller programmiert werden können als mit den üblichen Bedienelementen. Vorläufig steckt das aber noch in den Kinderschuhen.

Kontrollfragen und Aufgaben

7-1 Welche Programmierverfahren gibt es?

7-2 Erläutern Sie, was man unter dem „Teachen" eines Programms versteht!

7-3 Erläutern Sie die Begriffe Playback- und Textuelle Programmierung!

7-4 Das **Bild 7.11** zeigt die Bereitstellung von Werkstücken, die auf einer Palette jeweils auf Lücke gestapelt sind. Im Ablauf soll der Roboter von der Position P1 aus die einzelnen Sägezuschnitte aufnehmen und an der Ablagestelle P2 der Rollbahn ablegen.

Aufgabe: Schreiben Sie ein Programm, mit dem der Roboter die Palette abräumen kann, wobei das Programm die Positionen der Sägezuschnitte selbst ermittelt.

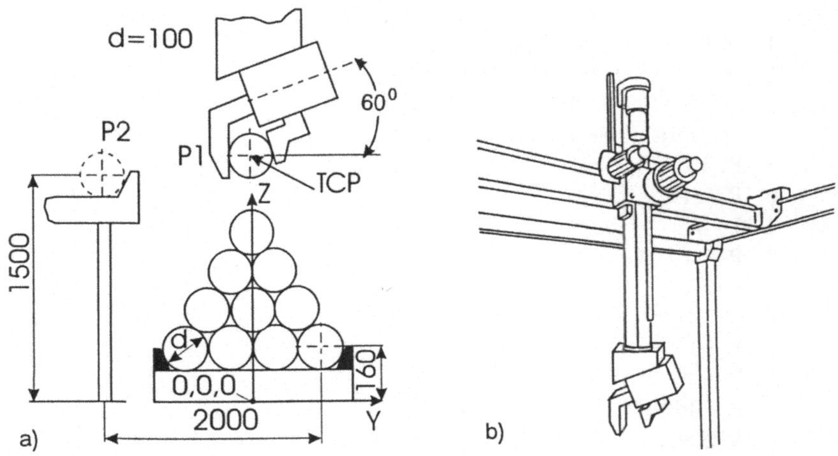

Bild 7.11 Abstapeln von Sägezuschnitten mit dem Portalroboter und Ablegen am Punkt P2 einer Rollbahn
a) Abstapelplatz, b) Portalroboter für das Abstapeln

7-5 Stelle in einer Skizze (**Bild 7.12**) dar, was in dem in Abschnitt 7.2.2 aufgeführten BAPS-Programm (Beispiel 1) eigentlich abläuft!

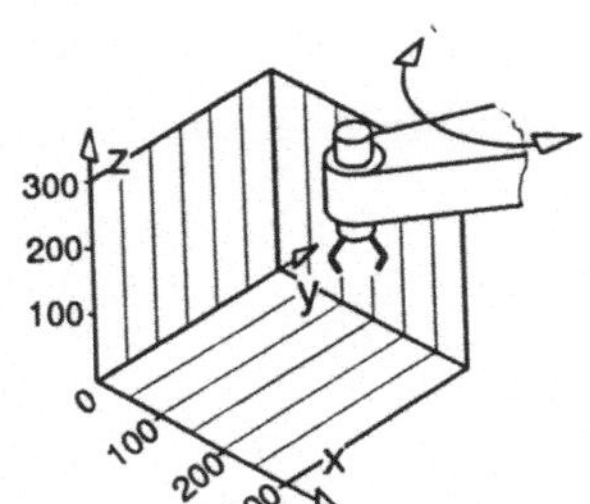

Bild 7.12
Arbeitsraum einer Roboteraktion

7-6 Das **Bild 7.13** zeigt einen Schwenkarmroboter, der eine Schleifaufgabe zu erledigen hat. Der Roboter soll von der dargestellten Ausgangsposition zum Startpunkt mittels PTP-Steuerung unter 100% Geschwindigkeit fahren. Genau 200 mm unter der Startposition befindet sich ein Werkzeugwechsler mit Schleifwerkzeug, das vom Greifer aufgenommen werden soll. Nach der Aufnahme des Werkzeuges soll nach einer Wartezeit von 2 Sekunden die Position START (angegeben in Maschinenkoordinaten) angefahren und die Schleifbahn von P1 nach P5 mit 30 % Geschwindigkeit auf der Höhe 100 mm abgefahren werden. Nach dem Schleifvorgang ist die Position START anzufahren. Technologische Angaben zum Schleifen bleiben unberücksichtigt.

Tragen Sie die Koordinatenwerte der Positionen (x, y, z, Greiferstellung) in das Programm ein.

```
PROGRAMM SCHLEIFEN
;****************************
AUSGANG:1 = WERKZEUG
 @START = @(70, 85, 230, 00)
P1 = (                    )
P2 = (                    )
P3 = (                    )
P4 = (                    )
P5 = (                    )
;**************************
V_PTP = 100%
V = 30
FAHRE PTP NACH @START
VERSCHIEBE PTP EXAKT (0,0,-100,0)
WERKZEUG=1
WARTE 2
VERSCHIEBE PTP EXAKT (0,0,100,0)
FAHRE PTP NACH P1
FAHRE LINEAR NACH P2
FAHRE KREIS NACH (P3,P4)
FAHRE LINEAR NACH P5
FAHRE PTP NACH @START
HALT
ENDE
```

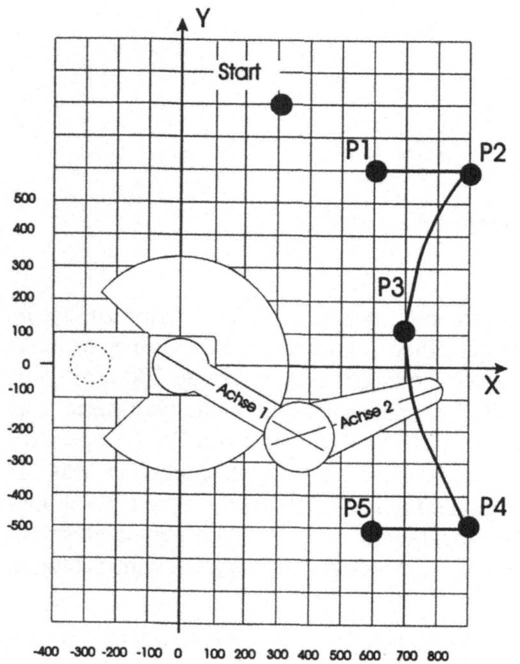

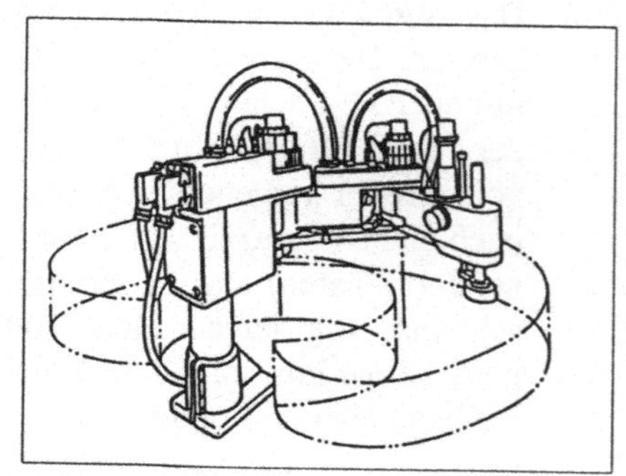

Bild 7.13 Roboterarbeitsplatz mit Koordinatensystem

8 Arbeitssicherheit

Das Risiko einer Havarie ist bei einem Industrieroboter, gemessen an anderen Fertigungsmitteln, relativ groß, weil

- einerseits das hohe Energieniveau der bewegten Massen ein beträchtliches Gefahrenpotential für Mensch und Material in sich birgt, und
- andererseits die zahlreichen Antriebs- und Meßsysteme der verschiedenen Bewegungsachsen, die Wahrscheinlichkeit eines Komponentenausfalls erhöhen.

Diesem Risiko kann auf unterschiedlichen Wegen begegnet werden. Das sind die Einführung fehlertoleranter bzw. robuster Systemstrukturen, die Trennung der Bewegungsräume von Mensch und Roboter (zumindest bei Automatikbetrieb) und die Anwendung kollisionsverhütender Steuerungs- und Regelalgorithmen.

Hieraus erklärt sich auch, daß etwa 50% der Software einer Robotersteuerung direkt oder indirekt zur Betriebssicherheit beiträgt. Die Sicherheitstechnik ist also ein wichtiges Teilgebiet und darauf soll etwas näher eingegangen werden.

8.1 Gefahrenbereiche und -situationen

An Industrieroboter-Arbeitsplätzen hängen die Gefährdungen für den Menschen von den Betriebszuständen des Roboters ab und von den Aufgaben, die das Personal in seiner Nähe auszuführen hat. Gefährdungen entstehen durch bewegliche Mechanismen und Arbeitsmittelteile, in Bewegung befindliche Werkstücke, herabfallende und sich lösende Teile, Versagen von Konstruktionselementen, gefährliche Engen und Quetschstellen, plötzliche Druckänderungen von Medien, scharfe Kanten, Grate, rauhe Oberflächen und schlechte Sichtbedingungen. Hinzu kommt, daß es sich beim Roboter samt Steuerung um sehr komplexe technische Gebilde handelt, deren funktionales Zusammenspiel und Verhalten von „außen" nicht ohne weiteres abzuschätzen ist. Nichtgeschulte Arbeitskräfte verfallen deshalb oft in folgende Denkfehler:

- Verharrt ein Roboter im Stillstand, dann wird angenommen, daß er sich auch später nicht bewegen wird. Dabei verbleibt er z.B. nur in einer programmierten Warteposition.
- Die stetige Wiederholung einer Bewegungssequenz führt zu der Vermutung, daß sich dieser Ablauf andauernd wiederholt. Das muß aber nicht sein. Der Roboter kann z.B. plötzlich abschwenken, um nach *n* Schweißzyklen die Schweißdüse zur Reinigungsvorrichtung zu bringen.
- Wenn sich ein Roboterarm langsam bewegt, wird geglaubt, es bliebe bei dieser Geschwindigkeit. Diese kann sich aber sprunghaft ändern, wenn z.B. ein Servoventil in der Hydraulikanlage nicht mehr ordnungsgemäß arbeitet.

- Wird dem Roboterarm ein Befehl erteilt, so wird erwartet, daß er sich auch wirklich in der gewünschten Richtung bewegt. Das braucht aber nicht zu sein. Ganz profane Bedienungsfehler können etwas anderes bewirken.

Aus solchen Fehleinschätzungen ergeben sich folgende Hauptgefährdungen: Zusammenstoß mit bewegten Elementen, Einklemmen gegen feststehende Elemente, Sekundärgefahren durch Roboterwerkzeuge, wie z.B. vagabundierende Hochdruckwasserstrahlen oder falsch gesteuerte Winkelschleifer.

Es ist zwischen Gefahrenstelle und Gefahrenquelle zu unterscheiden. Eine Gefahrenstelle ist geometrisch exakt lokalisierbar, z.B. der Roboterstandort. Eine Gefahrenquelle kann nicht so exakt ausgewiesen werden, z.B. ist die Abwurfrichtung eines Werkstücks aus dem Greifer bei Energieausfall nicht genau bekannt.

Typische Gefahren gehen vom Greifer aus. Das betrifft nicht nur das Verbot, Werkstükke niemals manuell einem Roboter zu übergeben, sondern auch das Wegschleudern von Werkstücken beim schnellen Schwenken. Die wirksamen Haltekräfte können starken Schwankungen unterliegen, die besonders beim reibpaarigen Halten durch Veränderungen des Reibungskoeffizienten und durch überlagerte Schwingungen zustandekommen. Man kann hier z.B. durch Abknicken der Greiferhand eine Formpaarung erreichen.

Aus der Analyse von Unfällen und Beinahe-Unfällen ergibt sich eine besondere Gefährdung der Einrichter und Programmierer. Man hat folgende Häufigkeiten ermittelt:

- Programmierer, Einrichter 57%,
- Personal zur Störungsbeseitigung 26%,
- Bediener im Normalbetrieb 13% und
- Instandhalter, Wartungs- und Reparaturpersonal 4%.

Es ist deutlich ein verbleibendes Restrisiko ablesbar, wobei wohl auch die schädliche Gewöhnung an eine bestimmte Gefahrensituation mit im Spiele ist. Traditionelles Sicherheitsdenken ist wegen der Besonderheiten der Bewegungsmaschine „Industrieroboter“ gefährlich und abzulehnen.

8.2 Vorschriften und Maßnahmen

Die europäische „Maschinenrichtlinie“ von 1993 (EN 292) legt fest, daß alle neuen Maschinen in der EG in der Lage sein müssen, ihre Funktionen so durchzuführen, daß dadurch keine Verletzungen oder Gesundheitsschädigungen verursacht werden. Spezifische Festlegungen enthält die VDI-Richtlinie 2853: Sicherheitstechnische Anforderungen an Bau, Ausrüstung und Betrieb von Industrierobotern. Für alle Stromkreise, die der Sicherheit dienen, wie Not-Aus, Zustimmungsschalter, reduzierte Geschwindigkeit und Einrichtungen zur Türüberwachung und Bewegungsbegrenzung wird gefordert, daß der Industrieroboter im Fehlerfall einen sicheren Zustand einnimmt und dabei keine Personen gefährdet.

Zum Schutz vor unbefugtem Betreten werden in der Robotertechnik vor allem trennende Schutzeinrichtungen (Verkleidungen, Umzäunungen, Umwehrungen) bevorzugt. Sie werden bereits im Planungsstadium ausgewählt. Bei Umzäunungen ist die Materialwahl nicht frei. Für wegfliegende Teile ist z.B. Maschendraht zu verwenden, bei Spritzergefahr ist ein vollwandiger Schutz vorzusehen. Die Abschirmungshöhen sind in der Europanorm EN 294 festgelegt.

Der Zugang zu umgrenzten Räumen wird durch überwachte Durchgänge und Türen ermöglicht. Für die Absicherung häufig begangener Türen sind Doppelsicherungen üblich. Das **Bild 8.1** zeigt eine Sicherheitssteckverbindung mit Grenztaster und Steckverbinder. Dieser ist mit einer Kette am Verriegelungsteil befestigt. In **Bild 8.2** wird die Funktionsweise einer Öffner-Schließer-Kombination gezeigt.

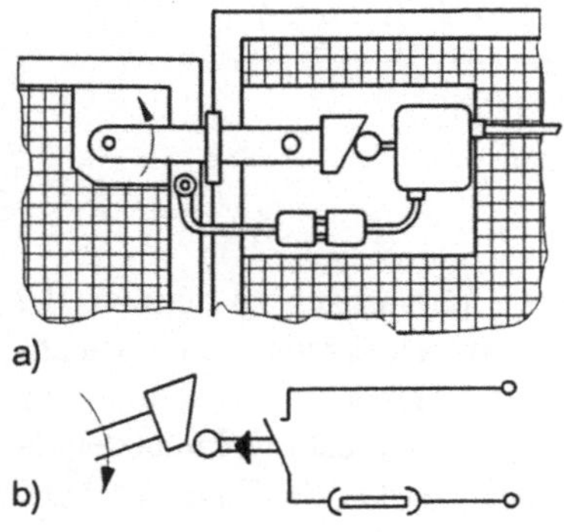

Bild 8.1 Türabsicherung an Roboterumzäunungen mit Steckverbinder
a) Anordnung der Schutzmittel,
b) Kontaktplan

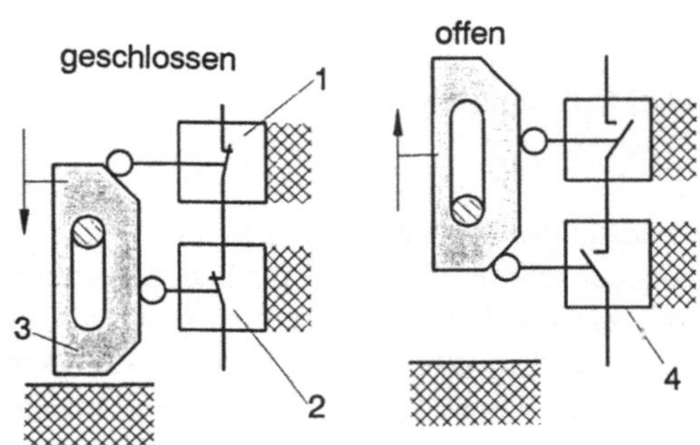

Bild 8.2 Schutzkontaktschaltung
1 Öffner unbetätigt, 2 Schließer betätigt,
3 Schaltnocken, 4 Grenztaster

Anstelle von Türen lassen sich auch Kontaktmatten und Trittplatten am Roboterstandort einsetzen. Das sind Trittflächen, die am Fußboden im Bedien-, d.h. Gefahrenbereich, installiert werden und die Abschaltsignale ausgeben, wenn man sie betritt. Die Flächenelemente können auch gefedert sein. Das Absenken unter Last wird dann von Grenztastern abgenommen. Im Gegensatz zu Zäunen bieten diese Mittel keinen Schutz gegen wegfliegende Teile. Das trifft auch auf berührungslos wirkende Schutzmittel zu, wie sie in **Bild 8.3** genannt werden. So lassen sich z.B. an den bewegten Teilen eines Roboters Ultraschallsensoren anbringen, die ein Not-Stopp-Signal senden, wenn sie ein Hindernis lokalisiert haben. Allerdings muß hier beachtet werden, daß bei Verfahrgeschwindigkeiten von 4 m/s durchaus Nachlaufwege bis zum Stillstand von 0,5 bis 1 m auftreten können. Es sollten also auch zusätzliche Bremsen vorhanden sein und aktiviert werden.

Sichtsysteme erfordern eine intelligente Auswertung der beobachteten Szene. Das System löst einen Not-Stopp dann aus, wenn sich der Mensch dem augenblicklichen Wirkungsort des Roboters zu weit genähert hat.

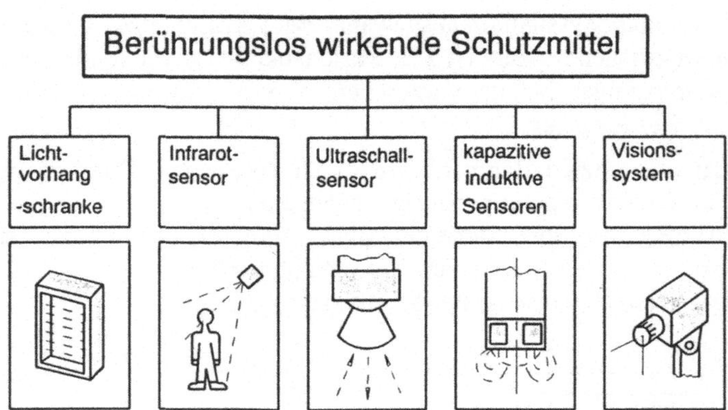

Bild 8.3 Einige typische, berührungslos wirkende Schutzmittel

Von den optischen Mitteln ist vor allem der Sicherheits-Lichtvorhang zu nennen, der ein engzeiliges Schutzfeld mit definiertem Auflösungsvermögen erzeugt. Das Detektionsvermögen ist < 40 mm, um Finger, Handgelenke und Hände mit Sicherheit zu erfassen. Ein solcher Lichtvorhang kann senkrecht, schräg, waagerecht in Fußbodennähe oder kombiniert (L-Anordnung, senkrechter Vorhang wirkt als Zugriffsschutz, waagerechter Vorhang wirkt als Hintertretschutz) zur Gefahrstellensicherung angeordnet sein. Die Sicherheitslichtvorhänge überwachen sich selbst. Auch Lichtgitter sind verwendbar. Das sind mehrstrahlige Anordnungen von Einweglichtschranken in einem Gehäuse. Strahlenanzahl und -abstand sind variabel, z.B. sind 2 bis 60 Strahlen im Angebot. An Roboterarbeitsplätzen sind mindestens dreistrahlige Ausführungen für die Zugangssicherung vorgeschrieben. Eine Strahlhöhe > 300 mm über dem Fußboden gilt übrigens als unterkriechbar.

Von mobilen Robotern wird verlangt, daß sie bei Entdeckung eines Hindernisses im Vorwarnbereich von z.B. 4 m bereits selbsttätig die Geschwindigkeit reduzieren. Auch eine am Boden liegende Person muß erkannt werden. Dafür schreibt die Norm eine Höhe von 20 cm über dem Fußboden vor. Mobile Roboter tasten deshalb z.B. in 15 cm Höhe die Umgebung in Richtung des Fahrweges ab. Bei Reinigungsrobotern wird außerdem eine Treppenabsturzsicherung gebraucht, auch wenn die Fahrwege eingelernt werden. Ein Verlust der Orientierung ist bei selbst navigierenden mobilen Robotern ebenfalls nicht zulässig.

Ein Beitrag zur Erhöhung der Arbeitssicherheit sind auch Überlastsicherungen am Roboter. Man geht davon aus, daß das in der kinematischen Kette am weitesten vom Gestell entfernte Glied der größten Gefahr einer Havarie ausgestzt ist. Das ist der Effektor (Greifer, Werkzeug) des Industrieroboters. Man kann folgende Schutzarten unterscheiden:

- Sollbruchstellen,
- Rastkupplungen und
- Abschaltsicherungen.

Bei Sollbruchstellen wird eine definierte Bruchstelle zwischen Roboterarm und Greifer geschaffen. Das Bruchstück ist ein gegossenes oder bearbeitetes Bauteil mit definiertem Querschnitt und Bruchverhalten. Der Bruch tritt ein, wenn bei einer Havarie eine bestimmte Kraft, je nach Dimensionierung z.B. einer Bruchplatte, überschritten wird. Dadurch wird der Greifer nur gering belastet und kann leichter repariert werden. Sollbruchstellen dienen der Schadensbegrenzung.

Rastkupplungen sind Baugruppen, die in der Regel als Zwischenflansch zwischen Roboterarm und Greifer bzw. Werkzeug eingesetzt werden. Bei Belastung kippen sie in einer der Kraftangriffsrichtung entgegengesetzten Richtung weg. Meistens handelt es sich um Flansche, die über Federn angekoppelt sind und die aus der Null-Lage herausgestoßen werden. Beim Anstoßen eines Schweißbrenners wäre außerdem eine Sofortabschaltung des Roboters und eine Nachlaufpufferung notwendig, ebenso eine selbständige genaue Rückstellung nach der Ursachenklärung. Das „Freifahren nach Kollision“ sollte übrigens in betriebsinternen Schulungen geübt werden.

Abschaltsicherungen können als Zwischenflansch zwischen Roboterarm und Werkzeug oder als umhüllendes Element ausgeführt werden. Sie geben immer bei einer bestimmten Verlagerung ein Abschaltsignal aus, um den Roboter stillzusetzen. Allerdings darf keine Auslösung erfolgen, wenn z.B. eine schwere Punktschweißzange schnell im Raum geschwenkt wird.

Kontrollfragen

8-1 Schutzeinrichtungen dürfen während des Einrichtebetriebes nicht durch übergeordnete Steuerungen aufhebbar sein. Dazu zählt auch die „reduzierte Geschwindigkeit“. Was verstehen Sie darunter?

8-2 Was ist eine Not-Aus-Einrichtung?

9 Über die Zukunft der Roboter

9.1 Roboter in hochtechnisierten Fabriken

Die Zukunft der Roboter wird vielgestaltiger sein und weit über die uns heute geläufigen Einsatzfälle in der Großserie hinausgehen. Service- und Personalroboter werden Aufgaben übernehmen, die bisher der Mensch erledigt hat. Industrieroboter tendieren in den Kosten nach unten. Es wird auch völlig neue Anwendungen geben, an die heute noch niemand denkt.

Natürlich wird sich auch der Fabrikbetrieb entwickeln. Die technische Evolution wird auch hier vom „Einzeller" zur hochorganisierten Produktionsanlage wachsen. Für eine Industriegesellschaft nimmt die Produktionstechnik eine Schlüsselstellung ein. Zwar wird die papierlose und menschenleere Produktionsstätte vorläufig ein Traum bleiben, aber dank technischer Fortschritte werden wir diesem Ziel näherrücken. Mit welchen Entwicklungen müssen wir rechnen? Es sind:

- Weitere Fortschritte in der Rechentechnik durch höheres Leistungs- und Speichervermögen (Neuronennetze, Parallelrechner, Fuzzy Logic, Superspeicher),
- Etablierung der Mikrosystemtechnik (Mikroroboter, mikromobile Roboter, Mikrosensorik),
- Fortschritte in der Künstlichen Intelligenz und Verbilligung der dazu notwendigen Hardware,
- globale Vernetzung von Datenströmen,
- perfekte Sichtsysteme mit automatischem Bildverstehen,
- verstärkte Anwendung freiprogrammierbarer Bewegungsachsen statt Kompaktroboter,
- intelligente Navigationssysteme für mobile Aggregate, verbunden auch mit neuen Kollisionsverhinderungs-Strategien,
- neue Systeme zur Mensch-Roboter (Maschine)-Kommunikation,
- Gelenkmechanismen mit erhöhter Beweglichkeit und Zuverlässigkeit,
- ausgereifte Systeme zur Tele- bzw. Fernarbeit, auch Roboter betreffend (Telerobotik),
- Ausweitung des Anteils von Produktionsstätten mit Reinraumcharakter und
- neue Energiespeichertechnologien für mobile Roboter.

Ganz sicher ist das nicht vollständig. Diese Entwicklungen werden aber die gesamte Robotik beeinflussen, gleichgültig ob der Roboter in integrierter, mobiler oder geständerter Form ausgeführt ist. Dem geht die Erschließung neuer Anwendungsfelder einher und übliche Anwendungen werden perfektioniert.

In **Bild 9.1** werden die Komponenten eines flexiblen Fertigungssystems gezeigt, in dem Montageroboter und „Transportroboter" agieren. Solche Anlagenkonzepte werden immer mehr zur Normalität im Fabrikbetrieb. Programmierte Selbststeuerung und Selbstregelung sind dann umfassend verwirklicht. Die wirtschaftlich und gesellschaftlich vorteilhaften Lösungen zielen auf eine humanorientierte Arbeitsplatzgestaltung ab, mit optimalem Zusammenwirken von Mensch, Roboter, Organisation und Technik.

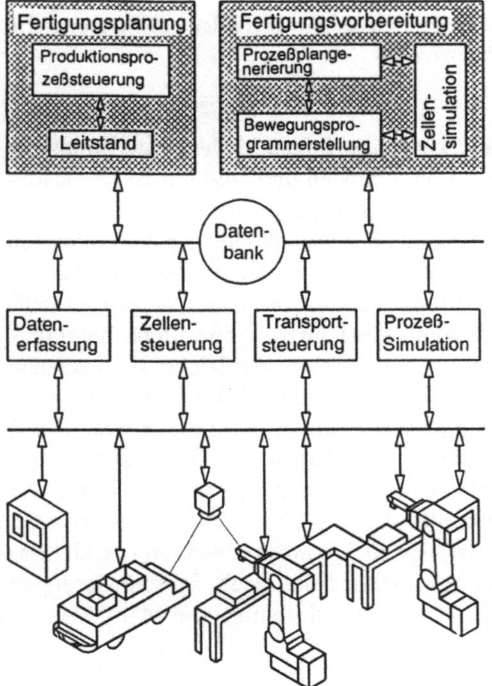

Bild 9.1
Vernetzung der Komponenten eines flexiblen Fertigungssystems.
Wie Stecker und Steckdose sollen sich alle Komponenten miteinander verbinden lassen.

9.2 Autonome mobile Roboter

Die Entwicklung mobiler Roboter steckt noch in den Kinderschuhen. Mobile Roboter sind autonome Fahrzeuge, die mindestens einen Roboterarm mitführen. Autonom heißt, daß das Gefährt frei navigiert, Hindernissen selbständig ausweicht und Fahraufträge ohne ständigen Leitrechnerkontakt ausführt. Für die Industrie kommen Radfahrzeuge in Frage, für Outdoor-Bereiche wie Land- und Forstwirtschaft auch schreitende Apparate. Hier versucht man auch einiges aus der Tierwelt abzuschauen. So ist es kaum 100 Jahre her, da man überhaupt dahinterkam, wie z.B. ein Pferd die Beine setzt und wann welcher Fuß den Boden berührt. Das hat E. Muybridge (1830-1904) in Palo Alto (USA) durch fotografische Phasenbildfolgen aufdecken können (**Bild 9.2**). Tatsächlich sind z.B. bei Sechsbeinern 1082 Fußauftrittsfolgen möglich, wovon 1030 auch statisch stabil sind. Die Forschung ist dazu auch heute noch nicht abgeschlossen.

Bild 9.2 Bewegungsphasen (Ausschnitt) eines Pferdes, wie sie E. Muybridge 1872 fotografierte – Aufnahmen von seinerzeit unschätzbarem Wert

Daraus will man natürlich für mobile Roboterkonzepte Nutzen ziehen. Herkömmliche fahrerlose Flurförderzeuge bewegen sich noch spurgebunden und sind nur in bescheidenem Maße flexibel. Nur wenn viele Fahrzeuge auf einer Streckenanlage laufen, lohnt sich der Aufwand für die Verlegung von Leiterschleifen im Fußboden. Sie strahlen ein elektrisches Feld ab, das der Transportroboter erfühlen kann. Für einzelne Fahrzeuge versucht man aber von einer Spurführung abzukommen. So kann man eine eigenständige Orientierung in der Umgebung erreichen, wenn das Fahrzeug künstliche Landmarken erfaßt und mit mitgeführten eingelernten Routenplänen vergleicht. Im nächsten Entwicklungsschritt wird man zu Verfahren kommen, die eine völlig freie Navigation gestatten. Da Personen und Roboter sich in gleichen Räumen begegnen können, muß man auch neue Sicherheitskonzepte entwickeln, die Kollisionsunfälle und Crash-Schäden absolut sicher vermeiden. In **Bild 9.3** wird ein Forschungsroboter gezeigt, der sich innerhalb von Gebäuden frei orientieren und bewegen kann. Allerdings ist noch kein Roboterarm aufgebaut. Anwendungen werden in Laborbereichen, Kernkraftanlagen, großen Bürogebäuden usw. gesehen. Man wird dann auch Spezialisierungen vornehmen, z.B. eine Ausstattung zur Feuerbekämpfung und Rettung von Menschen.

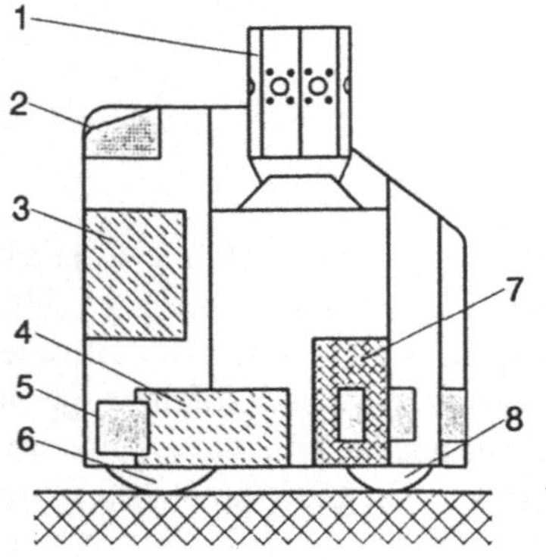

Bild 9.3
Mobiler Versuchsroboter MOBOT (Universität Kaiserslautern)
1 Sensorkopf,
2 Bedienerpanel,
3 Rechnerrack,
4 Batterien,
5 Ultraschall-/Infrarotsensorik,
6 passive Hinterräder,
7 Lenk- und Antriebsblock,
8 aktives Vorderrad

9.3 Roboter und Künstliche Intelligenz

Die Roboter aus der Science-Fiction-Welt zeichnen sich oft durch hohe Intelligenz aus. Sie scheinen über ein schier unerschöpfliches Wissen zu verfügen und lassen den Superroboter zum interessanten Partner des Menschen aufsteigen. Das sind sehr aufregende Gedanken, denn der Begriff „Intelligenter Roboter" vereint die Welten des Biologisch-Organischen und des Technisch-Unorganischen. Doch läßt sich wirklich alles realisieren, was sich phantasievolle Menschen ausdenken?

Der Begriff „Künstliche Intelligenz" (KI) hat schon zu heftigen Kontroversen pro und contra geführt, weil viele diese Wortverbindung zu nahe an der menschlichen Intelligenz sehen. Eine Bezeichnung als technische oder maschinelle Intelligenz scheint da vielen angebrachter. Gegenwärtig haben wir nur Anfänge erreicht, z.B. in der Bilderkennung, bei Expertensystemen und in der Spracherkennung. Deshalb fallen Vergleiche zum Menschen noch deutlich zu dessen Gunsten aus, wenn überhaupt ein solcher Vergleich sinnvoll ist (**Bild 9.4**).

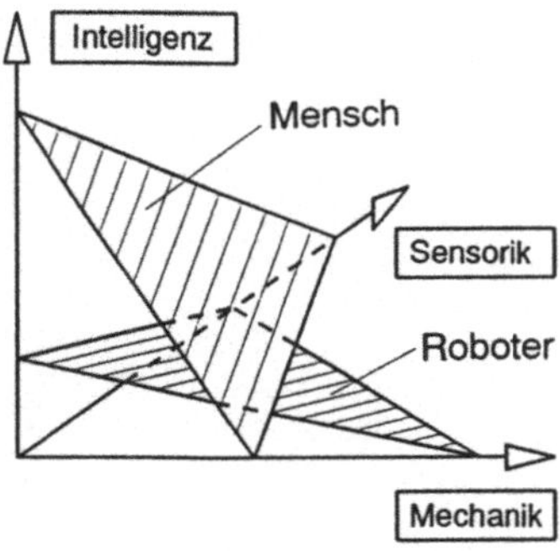

Bild 9.4
Die heutigen Leistungsfelder von Mensch und Roboter

Künstliche Intelligenz ist eine Forschungsrichtung, die sich zum Ziel setzt, einen Computer zu befähigen Dinge zu tun, die normalerweise nur ein gesunder Mensch leisten kann, wie logisches Denken, Schlußfolgern, Abstrahieren, Analogien erkennen, Relativieren, Lernen und Sprache verstehen. Die Existenz einer hochentwickelten KI widerspricht aber keiner heute bekannten Gesetzmäßigkeit der Natur und des Denkens. Ebenso widerspricht es keiner Einsicht wissenschaftlicher Philosophie. Die KI wird, wenn sie denn auf breiter Basis verfügbar ist, auf allen Gebieten, mit denen sie in Berührung kommt, eine Renaissance bewirken. Der Roboter wird dabei nicht ausgeschlossen, sondern wohl eher eine hervorgehobene Position einnehmen. Es ist zu erwarten, daß sich auf dem Weg zum intelliegenten Roboter auch unsere Begriffe von Maschine, Materie und geistigen Attributen verändern. Vielleicht werden Fragen nach dem zulässigen „Intelligenzquotienten" von Robotern auftauchen und ob die automatische Vervielfältigung von Robotern nach dem Motto „Roboter produzieren Roboter" zugelassen werden soll. Fragen zur Roboterethik werden bereits jetzt diskutiert, da Roboter auch am Menschen Dienstleistungen vollbringen, insbesondere in der Medizin.

Trotz allem werden die Roboter Maschinen bleiben, die der Mensch kontrolliert. Niemand braucht da Angstzustände zu entwickeln. Es kommt immer darauf an, zu welchem

Zweck der Mensch technische Mittel einsetzt. Er bestimmt den Lauf der Welt. Dem Reiz des Forschens nach den Grenzen des technisch Machbaren ist die Frage nach dem wirtschaftlich Sinnvollen entgegenzusetzen. Ein großer Teil industrieller Handhabung wird auch in Zukunft mit einfachen Handling-Geräten zu machen sein.

Kontrollfragen

9-1 Was verstehen Sie unter Navigation?

9-2 Für welche Aufgaben und Tätigkeiten könnten Sie sich intelligente Roboter vorstellen?

10 Fachbegriffe und Abkürzungen

Antrieb, traversierender
Antriebssystem, bei dem der Motor aus dynamischen Gründen nicht mitfährt, sondern ortsfest ist. Das anzutreibende Bauteil wird über ein Zugmittel, z.B. Synchronriemen, oder mit Spindeln bzw. Nutwellen in Bewegung versetzt. Dadurch wird die zu bewegende Masse erheblich gesenkt.

CCD
Abk. für charge coupled device; ladungsgekoppeltes optoelektronisches Bauelement, das Informationen speichert, indem es diese als Pakete winziger elektrischer Ladungen repräsentiert. Sie werden zur Abtastung visueller Bilder verwendet und enthalten Fotodioden als Zeile oder in Feldanordnung (CCD-Matrixkamera).

CNC
Abk. für computerized numerical control; eine freiprogrammierbare numerische Steuerung unter Nutzung eines integrierten Rechners, Programmspeichers und von Ein- und Ausgabeeinheiten. Typisch ist, daß das Programm im Speicher der Steuerung steht.

CP
Abk. für continuous path oder auch controlled path; Bezeichnung für eine Bahnsteuerung. Jeder Bahnpunkt wird mathematisch genau angesteuert.

CPU
Abk. für central processing unit; Zentraleinheit eines Rechners, bestehend aus Leitwerk, Rechenwerk und Hauptspeicher.

Datenbank, relationale
Softwaresystem zum Speichern, Suchen, Ändern und Löschen von Daten nach benutzerorientierten Kriterien, wobei die Daten (Tabellen) und ihre logische Verknüpfung (Relationen) getrennt abgelegt werden.

Effektor
Oberbegriff für alle Arbeitsorgane, die unmittelbar auf ein Objekt einwirken, also eine Interaktion des Roboters mit der Umwelt bewirken. Das sind hauptsächlich Greifer und Roboterwerkzeuge. Da sie meistens das Ende eines Freiarmes darstellen, wird auch der Begriff „Endeffektor“ benutzt.

Einzelsatz
Betriebsart einer Steuerung, bei der ein Programmlauf Satz für Satz ausgeführt wird. Jeder Satz wird neu gestartet. Ein Satz, oder besser Programmsatz, ist eine Anzahl von Wörtern, die die Information für eine Aktion einer numerisch gesteuerten Maschine bilden und die von der Steuerung als eine Einheit behandelt wird.

Elementarsensor
Bezeichnung für das eigentliche primäre Wandlungselement zwischen einer nichtelektrischen Meßgröße und einem elektrischen verwertbaren Signal. Es stellt die Schnittstelle zwischen dem zu sensierenden Medium und der Elektronik dar.

Expertensystem
Computerprogramm, das Problemstellungen mit einer einem Experten vergleichbaren Leistung lösen kann, insbesondere in Bereichen wo das Wissen nicht ganz eindeutig ist.

Flexibilität
Eigenschaft eines Systems, insbesondere eines Fertigungssystems, gegenüber wechselnden Anforderungen bzw. Aufgaben in allen seinen Teilsystemen selbstanpassungsfähig zu sein. Oft ist man auch zufrieden, wenn die Anpassung noch geringer manueller Nachhilfe bedarf. Beispiel: Ein Greifer ist flexibel, wenn er nacheinander ohne Umbau geometrisch unterschiedliche Werkstücke anfassen kann.

Freiformfläche
Flächentyp an Werkstücken oder Produkten, dessen geometrische Elemente sich nur schwer analytisch beschreiben lassen, weil es sich um unbekannte mathematische Funktionen handelt oder solche, für die man nur Näherungslösungen angeben kann. Beispiel: Formteile im Automobilbau.

Freiheitsgrad
Anzahl der unabhängig voneinander bewegbaren, angetriebenen Achsen. Man muß unterscheiden, ob der Freiheitsgrad f eines starren Körpers (Werkstück) gemeint ist oder der (Getriebe-)Freiheitsgrad F eines Mechanismus. Ein Körper kann im Raum maximal f = 6 erreichen, der Getriebfreiheitsgrad F kann auch größer als 6 sein.

Fuzzy-Logik
Unscharfe Logik, die Ereignissen mehr als zwei Werte zuordnet, etwa alle Zahlen zwischen 0 und 1. Damit lassen sich auch ungenaue Aussagen einbeziehen, die nur eine graduelle Gewißheit für die Richtigkeit einer Sache bieten.

Grauwertgradienten-Analyse
In der Bildverarbeitung ein Verfahren, bei dem jeden Bildpunkt je nach Graustufe eine Zahl zwischen z.B. 0 (schwarz) und 127 (weiß) zugeordnet wird. Diese werden dann mit einer besonderen Prozedur untersucht, um Grauwertsprünge zu finden. Die Ortskoordinaten der Grauwertsprünge ergeben aneinandergereiht die Kontur des Objekts.

Hostrechner
Hauptrechner in einem Rechnerverbund, auf dem die Anwendersoftware zentral installiert ist und von lokalen und entfernten Anwendern wie eine Dienstleistung benutzt wird. Am H. sind weitere Rechner angeschlossen.

Interpolation
Berechnung von Zwischenpunkten einer Bahnkurve, die durch einige etwas auseinanderliegende Bahnstützpunkte beschrieben ist. Die Zwischenpunkte können auf eine Linie (Geradeninterpolation), auf einen Kreis (Kreisinterpolation) oder eine Parabel

(Parabelinterpolation) gesetzt werden. Die I. ist umso komplizierter, je mehr Achsen einbezogen sind.

Just in time
Organisationskonzept für den Materialfluß in der Serien- und Massenfertigung, bei dem Bauteile, Material und Baugruppen erst kurz vor dem Bedarfstermin in der jeweils nötigen Menge und Qualität eingekauft bzw. angeliefert werden, um große Eingangslager in der Produktion zu vermeiden.

Kalibrierung
Ermittlung der wahren (ganz genauen) Abmessungen eines Roboterarms und der Abstände zu peripheren Einrichtungen eines Roboters sowie Übergabe dieser Daten an die Robotersteuerung. Damit wird die Offline-Progammierung des Roboters gesichert, denn sie funktioniert nur, wenn Modell und Wirklichkeit übereinstimmen.

KI
Abk. für Künstliche Intelligenz; im englischen Sprachraum auch als AI = artificial intelligence bezeichnet.

Kinematik
Zweig der Mechanik, der sich mit der Untersuchung der Bewegung von Punkten oder Körpern befaßt, ohne dabei auch Kräfte zu berücksichtigen.

Koordinatensystem
Bezugssystem zur eindeutigen Beschreibung der Lage (Position, Orientierung) eines Körpers im Raum mit Hilfe von Zahlenangaben. Bei einem Roboter gibt es immer mehrere K., z.B. bezogen auf den Greifer, die Bewegungsachsen und den Fußpunkt des Roboters.

Koordinatentransformation
Mathematisches Verfahren zur fortlaufenden Umwandlung von Koordinaten, z.B. aus einem kartesischen System in roboterachsenbezogene Koordinaten. Die Rechenarbeit umfaßt viele ineinandergeschachtelte trigonometrische Rechnungen, die mit hoher Genauigkeit und in kurzer Zeit ablaufen müssen. Man unterscheidet in Vorwärts- und Rückwärtstransformation.

Künstliche Intelligenz
Eigenschaft einer technischen Einrichtung, so zu arbeiten, daß das Verhalten und die Ergebnisse einem menschlichen Beobachter als intelligent erscheinen. Sie ist kein fertiges Produkt, sondern eine Sammlung von rechnergestützten Verfahren und Methoden.

Line tracking
Fähigkeit eines stationären Roboters, einem linear bewegten Objekt nachfahren zu können, um während der Bewegung eine Operation auszuführen.

MP
Abk. für multi point; Bezeichnung für eine Mehrpunktsteuerung.

Navigation
Führen eines beweglichen Objekts, z.B. ein mobiler Roboter, zu einem vorgegebenen Ziel, wobei die Informationen teilweise unvollständig sind. Ein bedeutsamer Unterschied besteht darin, ob die Navigation in einer bekannten oder unbekannten Umgebung auszuführen ist.

Override
Funktion einer Steuerung, auf der Bedientafel eines Roboters bereits programmierte Geschwindigkeitssollwerte in Stufen, manchmal auch stufenlos, nachträglich manuell verringern oder vergrößern zu können, z.B. von 0 bis 120%. Das O. wird gern benutzt, um beim ersten Werkstück einer Serie mit kleiner Geschwindigkeit zu fahren, damit man den Ablauf besser beobachten kann.

Overshoot
Überschwingen, Zittern in der Armbewegung; Genauigkeitskenngröße eines Roboters, die das Bahnfahren einer Ecke charakterisiert. Das Überschwingen wird durch dynamische Effekte hervorgerufen.

Pendeln
Programmierbare Bewegung der Schweißpistole bei einem Schweißroboter bei geraden Nähten von einer Nahtseite zur anderen nach einem geschlossenen Bewegungsmuster.

PTP
Abk. für point-to-point (control); Punktsteuerung; eine numerische Steuerung, bei der Punkte angefahren werden und bezüglich der Bahn kein Funktionszusammenhang vorgegeben ist.

SCARA
Abk. für selective compliance assembly robot arm; Roboter mit einem Waagerecht-Drehgelenkarm, der in der Montageposition dank seiner Struktur besonders „feinfühlig" (nachgiebig) reagiert und deshalb das Finden einer Position bei der Senkrechtmontage begünstigt.

Segmentierung
In der Bildverarbeitung die Unterteilung des Bildes in zusammenhängende Bereiche, von denen jeder in gewissem Sinne homogen (einheitlich, gleichartig) ist und dadurch besser identifiziert werden kann.

Serviceroboter
Freiprogrammierbare Bewegungseinrichtung, die teil- oder vollautomatisch Dienstleistungen verrichtet. Das sind Tätigkeiten, die nicht der direkten industriellen Erzeugung von Sachgütern, sondern der Verrichtung von Leistungen an Menschen und Einrichtungen dienen.

TCP
Abk. für tool center point; der Arbeitspunkt (auch Werkzeugpunkt) am Ende eines Roboterarms. Beispiele: Schweißdrahtspitze beim Lichtbogen-Schweißroboter, die Mitte zwischen zwei Greiferbacken bei einem Beschickungsroboter. Ein Roboter mit einem Doppelgreifer hat demnach zwei TCP.

Transponder
Kunstwort aus transmitter (Sender) und responder (Antwortgeber); ein elektronisches Element zur Markierung von Wegstrecken, Gegenständen u.a., das zu deren Erkennung auf drahtlosem Weg dient.

Weltmodell
Beschreibung der Umgebung eines Roboters mit Hilfe von Umweltdaten. Das dient der Bewegungsplanung von Roboterarmen oder autonomen mobilen Robotern.

Werkstückträger
Arbeitsplatte in einem Montagesystem, die mit dem Montagebasisteil von Station zu Station wandert. An der Montagestation werden sie, bevor eine Montage ausgeführt wird, indexiert und gespannt.

Wissensbasis
Komponente eines Expertensystems, die das für die Lösung von Problemstellungen erforderliche Wissen enthält.

Zustimmungsschalter
Schalter am Handprogrammiergerät, der zusätzlich und ständig betätigt werden muß, wenn eine gefahrbringende Bewegung am Roboter ausgelöst wird, z.B. beim Programmieren im Teach-in Verfahren. Ein Loslassen setzt sofort die Anlage still. Der Schalter schützt somit den Einrichter.

Anhang A: Wegleitung zum Selbststudium

Hinführung Marktanalyse, Materialfluß → Fördern, Lagern, Handhaben	Welche Bedeutung haben die Stichworte Produktivität und Flexibilität für den Einsatz von IR?
Einteilung der Handhabungsgeräte → Manipulatoren Einlegegeräte Industrieroboter	Wodurch unterscheidet sich ein IR von einem Einlegegerät bzw. Manipulator?
Einteilung der Industrieroboter Robotereinsatz in der Welt, Entwicklungstendenzen Einteilung der IR nach Aufgabe und Funktion → Werkzeughandhabung, Werkstückhandhabung	In welchen Bereichen werden IR eingesetzt? In welchen Anwendungsgebieten sind Zuwachsraten zu erwarten?
Leistungsmerkmale von Industrierobotern Kinematik, Antrieb, Wegmeßsystem, Steuerung, Greifer, Sensoren	Welche Angaben sind bei der Anschaffung eines IR von Bedeutung?
Gerätekenngrößen → Geometrie Last Kinematik Genauigkeit	
Lastkenngrößen (Nutzlast, Nennlast, Maximallast...)	Wodurch unterscheiden sich die einzelnen Lastangaben?
Kinematik → Linear, Hybrid, Rotatorisch, Freiheitsgrade Symbole nach VDI 2861	Welche Koordinatensysteme werden bei der Roboterprogrammierung verwendet? Welche Achsbezeichnungen finden bei den IR Verwendung?

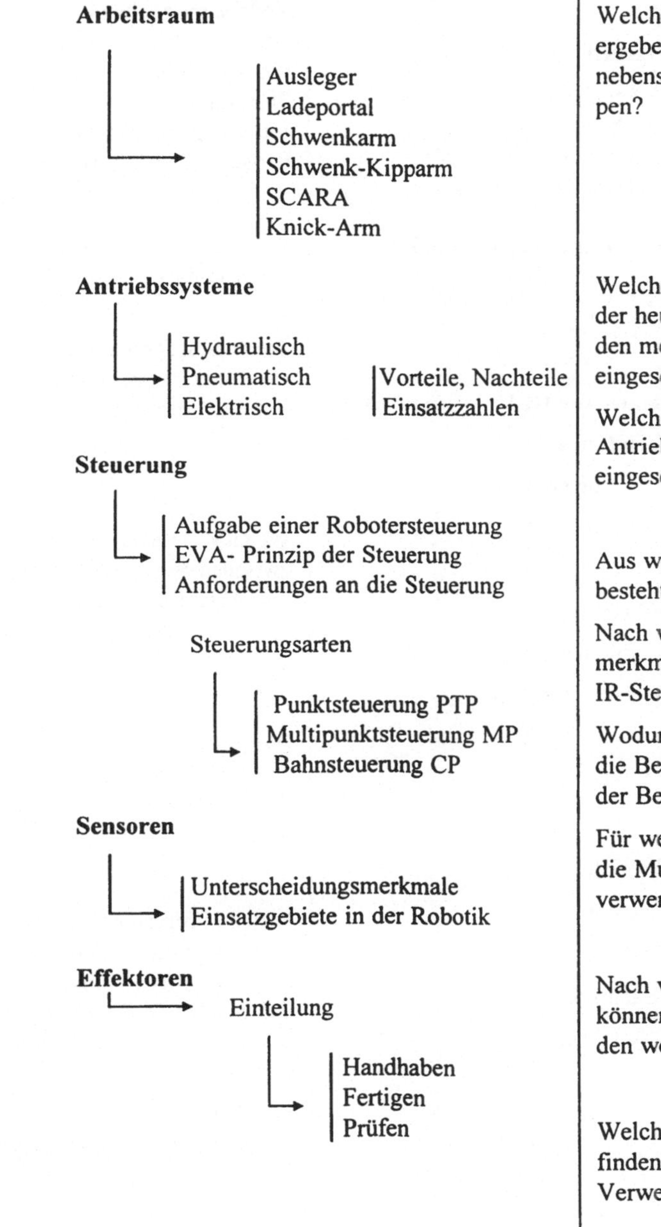

Welche Arbeitsräume ergeben sich bei den nebenstehenden Robotertypen?

Welche Antriebsart wird in der heutigen Zeit bei IR in den meisten Fällen eingesetzt?

Welche Art von elektrischem Antriebsmotor wird bei IR eingesetzt?

Aus welchen Baugruppen besteht eine IR-Steuerung?

Nach welchen Leistungsmerkmalen wird eine IR-Steuerung beurteilt?

Wodurch unterscheidet sich die Bewegungsart PTP von der Bewegungsart CP?

Für welche Anwendung wird die Multipunktsteuerung verwendet?

Nach welchen Kriterien können Sensoren unterschieden werden?

Welche Arten von Effektoren finden in der Robotertechnik Verwendung?

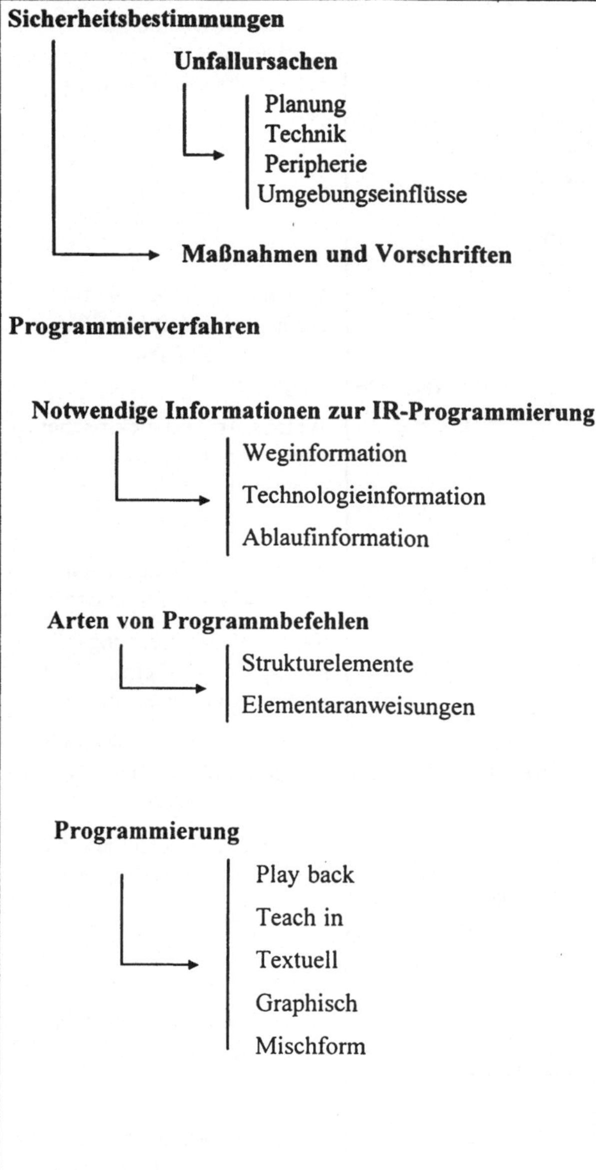

Welche möglichen Unfallursachen beim Einsatz von IR müssen bei der Planung von Sicherheitsmaßnahmen berücksichtigt werden.?

Welche Richtlinien finden Anwendung?

Welche Informationen werden zur Erstellung eines Roboterprogrammes benötigt?

Welcher Unterschied besteht zwischen Weg-, Technologie- und Ablaufinformation?

Worin besteht der Unterschied zwischen Geometrie- und Ablaufinformation?

Welche Programmierart findet beim Lackieren oder Schleifen Anwendung?
Bei welcher Programmierart kann Off-Line programmiert werden?

Welchen Vorteil bietet die graphische Programmierung?

Beispiele zu Programmiersprachen

- BAPS
- VAL
- SRCL

Wie lautet die Anweisung für eine PTP-Fahrt mit 20 % Geschwindigkeit in BAPS?

Wie lautet die Anweisung für eine Linearfahrt von P1 nach P3 mit 50 % Geschwindigkeit in VAL?

Wie lautet die Anweisung für eine Linearfahrt von P2 nach P3 mit 40 % Geschwindigkeit in SRCL?

Der Industrieroboter im Fertigungsprozess

→ Kommunikation

- Prinzip der E/A Kopplung
- SPS und Robotersteuerung
- Fertigungsleitrechner
- CIM-Systeme

Welche Baugruppe der Robotersteuerung kommuniziert mit einer externen SPS?

Auf welcher Ebene des Fertigungsprozesses ist die Robotersteuerung angesiedelt ?

Anhang B: Antworten und Lösungen

Kapitel 1

1-1

Unter Produktivitäts- und Flexibilitätslücke ist der Widerspruch zu verstehen, der sich aus der eingeschränkten mangelhaften Flexibilität von fest programmierten Automaten einerseits und der geringen Produktivität beim Einsatz des sehr flexiblen Menschen andererseits ergibt.

1-2

Industrieroboter führen schnelle weiträumige Bewegungen im Raum aus. Sie sind Bewegungsmaschinen, haben mindestens 3 Achsen und können nur relativ kleine Prozeßkräfte aufbringen. Häufig wird ein Greifer bewegt. CNC-Maschinen arbeiten bedeutend langsamer, viel genauer, in kleinen Bewegungsräumen und können dabei große Kräfte aufbringen. Typisch ist die Führung eines Werkzeugs.

Kapitel 2

2-1

Der betriebliche Materialfluß wird durch Fördern, Lagern und Handhaben gewährleistet.

2-2

Die Bewegungsabläufe sind beim Roboter programmierbar. Damit läßt er sich relativ schnell auf veränderte Produktionsabläufe einstellen.

2-3

Die Hauptarten von Handhabungssystemen sind Einlegegeräte, Manipulatoren und Industrieroboter.

2-4

Wichtige Koordinatensysteme sind beim Industrieroboter die Greiferkoordinaten, die Raumkoordinaten (raumfest) und die Maschinenkoordinaten (Achskoordinaten, roboterspezifische Koordinaten).

Kapitel 3

3-1

Weltweit waren Ende 1993 610000 Industrieroboter im Einsatz. Bis 1997 werden 860000 Geräte erwartet. Welch ein Potential!

3-2

Für die Werkzeughandhabung mit Industrierobotern sind z.B. die Verfahren Montieren, Punkt- und Bahnschweißen sowie Beschichten typisch.

3-3

In der Werkstückhandhabung werden Industrieroboter z.B. zur Beschickung von Zerspanungsmaschinen, für das Palettieren und die Teileentnahme aus Druck- und Spritzgußmaschinen verwendet.

3-4

Ein Doppelgreifer spart Roboterleerfahrten zwischen Spannstelle und Werkstückmagazin ein, weil er beim Abholen eines Fertigteils bereits das neue Rohteil mitbringen kann.

Kapitel 4

4-1

Die Hauptkomponenten eines Industrieroboters sind das Führungsgetriebe (Kinematik) mit seinen Antrieben und Wegmeßsystemen, die Steuerung und der Effektor.

4-2

Folgende Zuordnung gilt:

1 Zur Erfüllung technologischer Aufgaben braucht man (E) Werkzeuge.
2 Die Istposition des Roboterarms erfaßt ein (B) Wegmeßsystem.
3 Die zur Bewegung des Roboters nötigen Kräfte erzeugen die (G) Antriebe.
4 Das Halten und Drehen von Objekten bewirken (G) Antriebe und (H) Greifer.
5 Die Bewegungsmöglichkeiten hängen ab von der (C) Kinematik.
6 Informationen über Werkstücke und die Umwelt liefern (A) Sensoren.
7 Programmgemäßes Handeln bewirkt die (F) Steuerung.
8 Fehlende Roboterfunktionen ergänzt die (D) Peripherie.
9 Handhabungsobjekte sind Halbzeuge, Prüfmittel und vor allem (I) Werkstücke und (E) Werkzeuge.

4-3

Unter Verwendung der in Bild 4.4 vorgestellten Symbole ergibt sich das in **Bild 4-3** gezeigte Schaubild.

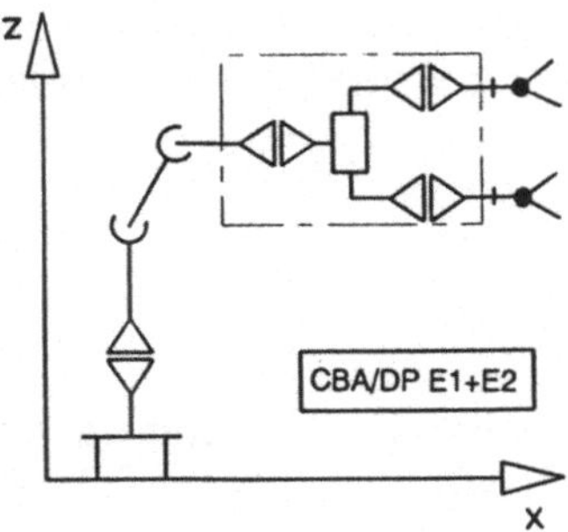

Bild 4-3
Darstellung der Kinematik des Roboters nach Bild 4.6

4-4

Die Symbole sollen den kinematischen Aufbau zeigen. Dabei ist uninteressant, wie die maschinebauliche Realisierung aussieht. Die Art der Kraftübertragung ist nicht darstellbar.

4-5
Ein Kugelgelenk, dessen Bewegungen nicht eingeschränkt sind, hat den Freiheitsgrad F = 3 (Bild 4-5).

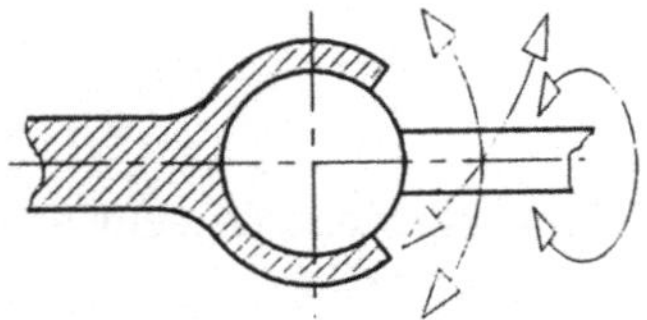

Bild 4-5
Kugelgelenk

4-6
Im kartesischen Koordinatensystem (X-Y Koordinaten) liegt der Punkt außerhalb des Arbeitsraumes und kann somit nicht erreicht werden. In allen anderen Koordinatensystemen ist die Position erreichbar (**Bild 4-6**).

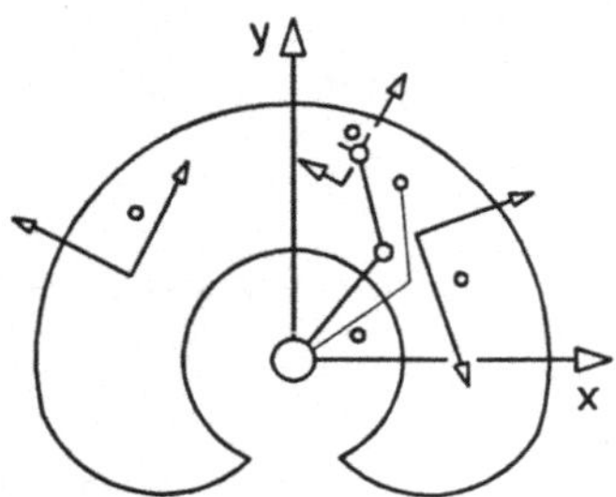

Bild 4-6
Arbeitsraum eines SCARA-Roboters

4-7
Man unterscheidet in Drehachsen (rotatorische, R-Achsen) und in Schubachsen (translatorische, T-Achsen). Außerdem ist wichtig, ob die Achsen vertikal oder horizontal angeordnet sind.

4-8
Es handelt sich um einen SCARA mit den Grundachsen RRT.

4-9
Hinter der Bezeichnung „Universal" verbirgt sich die ausschließliche Verwendung von rotatorischen Achsen. Es sind also die Grundachsen RRR typisch.

4-10
Es gilt $x = S1 \cdot \cos\alpha$ und $y = S1 \cdot \sin\alpha$ oder anders ausgedrückt $\alpha = \arctan(y/x)$. Außerdem ist z = S3. Die waagerechte (radiale) Ausfahrlänge S2 des Armes erhält man aus S2 $= \sqrt{x^2 + y^2}$.

Für die Startposition ergibt sich $\alpha = \arctan(200/0) = 0°$ und für die Zielposition $\alpha = \arctan(100/173{,}3) = 60°$. Außerdem gilt für die Startposition $S2 = \sqrt{200^2 + 0} = 200$ mm und für die Zielposition $S2 = \sqrt{100^2 + 173{,}3^2} = 200$ mm. Demnach muß sich die Achse 1 (Drehachse) um +60° bewegen, die Achse 2 (Hubachse, z-Achse) bewegt sich um –200 mm und die Achse 3 (radiale Ausfahrbewegung) verfährt um 0 mm, d.h. sie wird bei dieser Aktion nicht gebraucht.

4-11

Man wählt den Aufstellort C, weil bei gleichem Auflösungsvermögen der Steuerung (Wegmeßsysteme) die Abweichungen am Innenrand des Arbeitsraumes weniger in Erscheinung treten als außen. Das Bogenstück des Fehlers ist umso kleiner, je enger der Radius ist.

4-12

Es wird in Nutzlast, Werkzeuglast und Zusatzlast unterschieden.

4-13

TCP ist eine Abkürzung für tool centre point; der Arbeitspunkt (Wirkpunkt) eines Effektors.

Kapitel 5

5-1

Es werden häufig elektrische Antriebe verwendet, vereinzelt noch hydraulische (für Schwerlastroboter, für explosionsgefährdete Räume) und pneumatische Antriebe, z.B. für die sehr schnelle Leiterplattenbestückung. Greifer werden sehr oft pneumatisch angetrieben.

5-2

Der elektrische Antrieb hat sich wegen seiner günstigen Einbindung in Maschinen- und Steuerungsstrukturen und wegen der gewachsenen Leistungsfähigkeit deutlich in den Vordergrund geschoben.

5-3

Maschinenelemente zur Bewegungsübertragung sind z.B. Zugmittel (Synchronriemen, Ketten), Gewindespindeln, Wellen, Räder- und Hebelgetriebe.

5-4

Getriebe zum Wandeln von Bewegungen sind z.B. Planetengetriebe, Wellgetriebe (Harmonic-Drive-Getriebe) und Rädergetriebe.

5-5

Beim absoluten Wegmeßsystem wird der Weg bzw. Winkel auf einen Nullpunkt am Meßnormal bezogen. Dadurch liegt sofort beim Einschalten des Roboters die wahre Position als Ablesewert vor.

5-6

Ein inkrementales Meßsystem erfaßt den Abstand zu einer vorherigen Position. Die Angaben sind also relativ. Sie beziehen sich auf einen Referenzpunkt, der beim Einschalten des Roboters als erstes angefahren werden muß und an dem die Inkrementezähler auf Null gestellt werden. Eine eindeutige Zuordnung von Ablesewert und Position ist nur über Umrechnungen erreichbar.

5-7

Ein relatives Meßsystem fährt zuerst einen bzw. einen von mehreren Referenzpunkten an, ein absolutes Wegmeßsystem nicht. Es kennt sofort seine wahre Position.

5-8

Das Meßprinzip charakterisiert das zum Messen benutzte physikalische Phänomen, z.B. die Widerstandsänderung eines Drahtes in Abhängigkeit von der Länge. Das Meßverfahren beschreibt, wie die Ablesesignale erzeugt und weiterverarbeitet werden, z.B. absolut oder inkremental.

5-9

Meßverfahren:	absolut A, C, E, G; inkremental B, D, F
Meßwertabnahme:	rotatorisch A, D, E, F, G; translatorisch B, C
Meßwerterfassung:	digital A, D, E, F, G; analog E, G

5-10

Eine Robotersteuerung besteht aus dem Leistungsteil, der CPU, den Speichern, den Achsregel- und Schnittstellenkarten sowie den Bedienelementen.

5-11

Steuerungsarten sind die Bahnsteuerung (CP), die Punktsteuerung (PTP) und die Multipunktsteuerung (MP).

5-12

Man verwendet die Multipunktsteuerung. Für komplizierte nichtaufschreibbare Bewegungsverläufe gestattet sie, den Roboter durch Vorführen zu belehren.

5-13

Überschleifen ist eine Steuerungsfunktion, bei der ein weicher und kontinuierlicher Übergang von Bahnpunkt zu Bahnpunkt bei Richtungs- und Bewegungsänderung des Roboters erreicht wird.

5-14

PTP (point-to-point) beschreibt bei einer Steuerung die Bewegungsart von einem Punkt zum anderen zu fahren.

5-15

Overshoot bedeutet Überschwingen und meint das minimale Überfahren eines Zielpunktes durch die auftretende Beschleunigungskraft beim Abbremsen. Das Overshoot ist auch für das Fahren von Ecken und Spitzkehren wichtig.

5-16

Ein programmierter Faktor von 40 beeinflußt alle Bewegungsarten im gesamten Programm. Die Geschwindigkeit wird jeweils auf 40% der ursprünglich programmierten Geschwindigkeit reduziert.

5-17

Die Abkürzung CP bedeutet continuous path und bezeichnet eine Bahnsteuerung.

5-18

Man bildet für alle Formen an den Griffpunkten die Gegenkontur am Greiferbacken aus. Die Lösung zeigt **Bild 5-18**. Ein solches Vorgehen funktioniert natürlich nicht immer. Man sollte es aber versuchen.

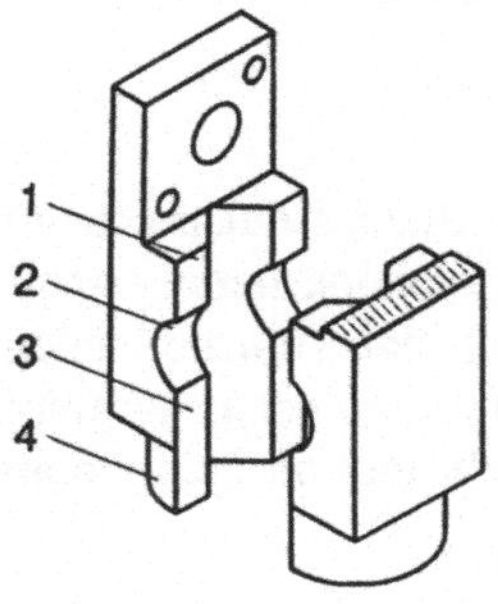

Bild 5-18
Greiferbacken
1 Prisma,
2 Rundbacken,
3 Flachbacken,
4 Form für Innengriff

5-19

Effektoren sind „Erfolgsorgane", Arbeitsorgane eines Roboters, insbesondere Greifer, Punktschweißzangen und andere Roboterwerkzeuge.

5-20

Es gehören zusammen: 1-A, 2-C, 3-E, 4-F, 5-D, 6-B.

Kapitel 6

6-1

Das geschieht mit Hilfe eines Bilderkennungssystems. Eine Kamera erstellt von der Lochfelge ein Bild, dieses wird digitalisiert und dann in einem Rechner verschiedenen Vergleichsmustern gegenübergestellt.

6-2

Ein induktiver Sensor erkennt alle metallischen Werkstoffe.

6-3

Ein induktiver Sensor erfaßt metallische Werkstoffe, ein kapazitiver Sensor kann sonstige Werkstoffe erfassen und ein optischer Sensor wird zur Farbunterscheidung verwendet.

6-4

Der Elementarsensor verfügt über alle Grundfunktionen, die zur Meßwertaufnahme und Umformung des Meßwertes nötig sind.

Kapitel 7

7-1

Man unterscheidet zwischen grafischer und textueller Programmierung, Teach-in- sowie Playback-Programmierung.

7-2

Teachen (to teach = etwas lehren) beschreibt eine Art der Eingabe bei der der Roboter manuell an eine Position herangebracht wird. Ist der Punkt erreicht, wird er in der Steuerung gespeichert.

7-3

Beim Playback (Zurückspielen) wird der Roboter von einem Bediener entsprechend seiner späteren Bewegung an einer Bahn entlanggeführt. Die Robotersteuerung speichert dabei im Hintergrund in einem bestimmten Zyklus die sich dabei einstellenden Meßwerte des Wegmeßsystems. Bei der textuellen Programmierung wird das Programm an einem externen Rechner mittels entsprechender Software erstellt und oft auch vorab getestet.

7-4

```
Programm Stapel
;*******************Deklaration*****************
Ausgang:2=Werkzeug; 0=Greifer auf 1=Greifer zu
P1=(0,0,1600,0)
P2=(0,-1850,1500,0)
Ganz:I,Y                        ;Ganzzahlige Variablen
ZA=506.4
Tiefer=tan(30)*50
;***********Hauptprogramm********************
Fahre nach P1
I=0
Wdh 4 mal                       ;Wiederhole 4 mal
ZA=ZA-Tiefer
I=I+1
Wenn I= 1
Dann y=-100
Wenn I = 2
Dann Y=-150
Wenn I = 3
Dann Y=-200
Wenn I=4
Dann Y=-250
Ablauf                          ;Unterprogrammaufruf
Wdh_ende                        ;Ende der Wiederholfunktion
Ende                            ;Ende des Hauptprogramms

;****************Unterprogramm*****************
Ablauf                          ;Unterprogrammanfang- und Name
```

```
Wdh I mal
Y=Y+100
Fahre nach (0,Y,ZA,0)
Werkzeug=1                    ;Schließen des Greifers
Fahre ueber P1 nach P2
Werkzeug=0                    ;Öffnen des Greifers
Verschiebe (0,0,120,0)        ;Freifahren um 120 mm
Fahre nach P1
Wdh_ende
Rsprung                       ;Rücksprung zum Hauptprogramm
```

Überlegen Sie, wie sich das Programm verändern müßte, wenn alle Werkstückpositionen im Teach-in Verfahren erfaßt worden sind.

7-5

Der Roboter startet aus der Effektorposition A und greift das Teil (B). Er hebt es an, schwenkt nach C und steckt es in das Montagebasisteil (D). Dann öffnet der Greifer. Der Ablauf wird in **Bild 7-5** dargestellt.

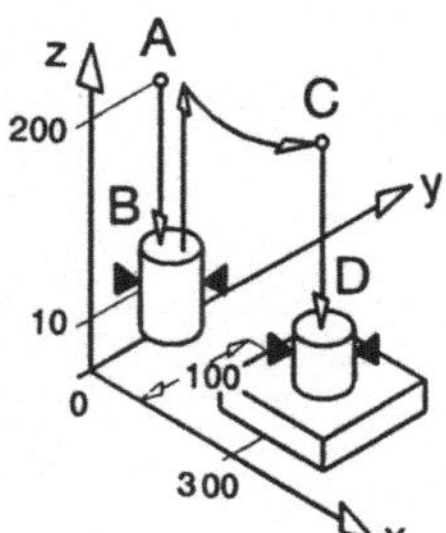

Bild 7-5
Bewegungsablauf beim Fügen eines Teils

7-6

Folgende Werte sind einzutragen:

P1 = (600,600,100,0)
P2 = (900,600,100,0)
P3 = (700,100,100,0)
P4 = (900,-500,100,0)
P5 = (600,-500,100,0)

Kapitel 8

8-1

Reduzierte Geschwindigkeit bedeutet, daß der Roboter an der Schnittstelle des Greiferanschlußflansches unter keinen Umständen eine Geschwindigkeit von mehr als 25 cm/s annehmen darf.

8-2
Industrieroboter müssen durch leicht, schnell und gefahrlos erreichbare Schalter (Schaltleine, Schaltleiste u.a.) so stillgestzt werden können, daß gefahrbringende Bewegungen rechtzeitig unterbrochen und keine erneuten gefährlichen Aktionen ausgelöst werden. Die Not-Aus-Einrichtungen müssen der DIN/VDE 0113 entsprechen.

Kapitel 9

9-1
Navigieren heißt, ein bewegliches Objekt (Roboter) zu einem vorgegebenen Ziel zu geleiten, wobei die Informationen teilweise unvollständig sind und etliche Randbedingungen erschwerend wirken können. Ein bedeutsamer Unterschied besteht auch darin, ob die N. in bekannter oder unbekannter Umgebung auszuführen ist.

9-2
Hier sind der Phantasie keine Grenzen gesetzt, sofern es Aktivitäten sind, die den Menschen unterstützen, nützlich sind und keinen Schaden anrichten. Es darf auch spekuliert werden.

Weiterführende Literatur und Quellen

Georgie, W.: Einführung in Industrieroboter,
Lexika Verlag, München 1991

Hesse, S.: Lexikon Handhabungseinrichtungen und Industrierobotik,
expert Verlag, Renningen 1995

Hesse, S.: Handhabungsmaschinen,
Vogel Verlag, Würzburg 1993

Hesse, S.: Lexikon Sensoren in Fertigung und Betrieb,
expert Verlag, Renningen 1996

Kreuzer, E.J.; Lugtenburg, J.-B.; Meißner, H.-G.; Truckenbrodt, A.: Industrieroboter – Technik, Berechnung und anwendungsorientierte Auslegung,
Springer Verlag, Berlin, Heidelberg 1994

Naval, M.: Roboter-Praxis,
Vogel Verlag, Würzburg 1989

Nist, G. u.a.: Steuern und Regeln im Maschinenbau,
Verlag Europa-Lehrmittel, Haan-Gruiten 1993

Schraft, R.-D.; Volz, H.: Serviceroboter – Innovative Technik in Dienstleistung und Versorgung,
Springer Verlag, Berlin, Heidelberg 1996

Volmer, J. (Hrsg.): Industrieroboter – Funktion und Gestaltung,
Verlag Technik, Berlin, München 1992

Warnecke, H.-J.; Schraft, R.D.: Industrieroboter – Handbuch für Industrie und Wissenschaft,
Springer Verlag, Berlin, Heidelberg 1990

Sachwortverzeichnis

A
Ablaufprogrammierung 15
Abschaltsicherung 140
Abschirmhöhe 51
Abstapelplatz 135
Abtastung, optische 89
Achskoordinaten 97
Adhäsivgreifer 106
AML 131
Analog-Steuerhebel 13
Anbauroboter 69
Antrieb 53
Antrieb, traversierender 147
Antriebssystem 84
Apfelpflück-Roboter 38
Arbeitsbereich 59
Arbeitsorgan 105
Arbeitspunkt 61
Arbeitsraum 59
Arbeitsraumform 61
Arbeitsraumgrenzen 59
Arbeitssicherheit 137
Ausleger 69
Auslegerarm 33
Außenskelett 46
Autarkie 41
Automat 1
Automatikbetrieb 50, 126
Automatismus 16
Autonomer mobiler Roboter 143

B
Bahnsteuerung 21, 97, 100
Balancer 11
Bandschleifaggregat 108
BAPS 131
Basiskoordinaten 61, 97
Bauform 17
Baukastensystem 79
Bedienerprogramm 126
Beschichten 27
Beschickung 33
Beschickungseinrichtung 7
Bewegungsplanung 95
Bewegungsraum 60
Biegeautomat 3
Bilderkennung 119
Bilderkennungssensor 118
Bildpunkt 119
Binärbildverarbeitung 119
Binärcode 90
Bus 104
Bypass-Schaltung 23

C
C-Gestell 69
CANADA-Arm 40
CCD 147
CCD-Kamera 118
CNC 147
Codierung 90
Computersimulation 40
CP 147
CPU 147

D
Datenbank, relationale 147
DD-Motor 84
Dehnungsmeßstreifen 115
Delphi-Prognose 20
Diagnose 104
Direktantrieb 84
Doppelgreifer 32
Dorngreifer 10
Dosierdüse 28
Dosierüberwachung 29
Dosierung 28
Dreheinheit 68
Drehgelenk 56
Drehgelenkarm 73
Drehmelder 90
Drehmomentmotor 84
Drehschubgelenk 56
Drehzahlregelkreis 105
Dreifingerhand 107
Druckluftgreifer 106

E

Editieren 126
Effektor 105, 147
Einlegegerät 15
Einrichtebetrieb 50
Einweglichtschranke 140
Einzelgreifer 108
Einzelsatz 147
Einzweck-Montagelinie 23
Elementaranweisung 122
Elementarsensor 113, 148
Ellenbogengelenk 18
Entgraten 29
Entnahmeeinrichtung 11
Ernteroboter 38
Evolution, technische 20, 142
Exoskelett 46
Expertensystem 148
Exzenter 67
Exzentergetriebe 84

F

Fahrständer 69
Faltarm 43
Farbbildverarbeitung 119
Farbspritzroboter 28, 126
Farbwechselsteuerung 27
Flächensensor 114
Flachpalette 50
Flexibilität 16, 148
Fließband 1
Fließfertigung 1
Freiarm 55
Freiformfläche 148
Freiheitsgrad 63, 148
Führung 67
Führungsgetriebe 67, 71
Funktion 6
Funktionsplan 7
Fuzzy-Logik 148

G

Gassensor 113
Gefahrenquelle 138
Gefahrenraum 60
Gefahrenstelle 138
Gelenk 67
Gelenkkart 56
Gelenkkoordinaten 61
Geradführung 67
Geradführungsgetriebe 75
Gestell 69
Gestellbauform 69
Getriebe 67
Getriebefreiheitsgrad 63
Getriebeglied 67
Gleichstrommotor 81
Gleitführung 67
Glockenankermotor 81
Grauwertbildverarbeitung 119
Grauwertgradienten-Analyse 121, 148
Graycode 90
Greifer 106
Greiferführungsgetriebe 71
Greifermagazin 111
Greiferverlagerung 65
Greiferwechselsystem 111
Greifprinzip 112
Griffstelle 111
Großflächen-Saugergreifer 60
Großroboter 43
Gußputzen 30

H

Handachsengetriebe 85
Handhaben 4, 9
Handhabungseinrichtung 9
–, modulare 80
Handhabungssymbol 6
Handhabungstechnik 4
Harmonic-Drive-Getriebe 85
Hauptachse 60
Hauptarbeitsraum 60
Haushaltroboter 19
Hochbauroboter 36
Hohlläufermotor 81
Hostrechner 148
Hubachse 77
Hubausgeber 10

I

In-process-Messen 51
Industrieroboterarbeitsplatz 51
Inductosyn 91

Industriemanipulator 13
Industrieroboter 16, 21
Industrieroboterperipherie 46
Inkrement 88
Inkrementalgeber 88
Inspektionskamera 37
Intelligenzquotient 145
Interaktion 16
Interpolation 148
Interpolator 96
IRDATA-Schnittstelle 128

J
Joystick 125
Just in time 149

K
Kalibrieren 39, 133, 149
Kanalroboter 36
kartesische Koordinaten 62
Kaskadenregler 94
Kegelradgetriebe 84
KI 145, 149
Kinematik 53, 55, 149
kinematische Kette 55, 67
Kleben 28, 129
Kleberaupenüberwachung 120
Klebstoffauftrag 129
Knickarmroboter 58
Kollisionsmeldung 95
Kommissionieren 33
Kommissionierroboter 34
Kommutierung 82
Komplexität 9
Kontaktmatte 139
Konturbild 121
Koordinatensystem 60, 149
–, kartesisches 18
Koordinatentransformation 149
Koppel 67
Koppelstange 87
Kraft-Momenten-Sensor 115
Kraftrückführung 14
Kraftsensor 29
Kreisinterpolation 96
Kreuzportallaufwerk 70
Kreuzportalroboter 32
Kugelgelenk 58
Kugelkoordinaten 18, 62
Künstliche Intelligenz 19, 145, 149
Kurbel 67
Kurbelscheibe 87

L
Lageregelkreis 82
Lageregelung 94
Landmarke 39
Lasersensor 114, 118
Laserstrahl 45
Laufgrad 63
Leitdraht 44
Lernverfahren 124
Lichtbogenschweißen 24
Line tracking 27, 149
Lineararm 72
Linearinterpolation 96
Linearmotor, elektrischer 84
Linienportal 32, 70
Löschroboter 20

M
Magnetgreifer 106
Magnetsensor 117
Manipulator 13
Maschinenbeschickung 32
Maschinenrichtlinie 138
Master-Slave-Manipulator 14, 101
Maßverkörperung 91
Mechanismus 67
Medizinalroboter 39
Mehretagen-Speicher 50
Mehrkartensystem 103
Mehrmaschinenbedienung 32
Mehrprozessorsteuerung 104
Melkroboter 38
Mensch-Roboter-Schnittstelle 92
Messen mit Industrieroboter 30
Meßmaschine 52
Meßsystem 53
Meßzelle 52
MIG/MAG Schweißanlage 26
Mikroroboter 20
Montageroboter 143
Montagesystem 23

Montagezelle 22, 62
Montieren 22
MP 149
Multipunktsteuerung 100
Mustererkennung 121

N
Näherungssensor 113
Navigation 39, 150
Navigationssysteme 142
Nebenachse 60
Nennlast 64
Nietroboter 35
Notabschaltung 32
Nutzlast 64

O
Odometrie 43
Offline-Kollisionskontrolle 96
Offline-Programmierung 124, 127
Online-Programmierung 125
Orangenpflücken 38
Ordnungselement 49
Ordnungsprinzip 49
Orthese 46
Outdoor-Bereich 42, 44
Override 150
Override-Funktion 98
Overshoot 94, 150

P
Parabelinterpolation 96
Parallelarm 78
Parallelbackengreifer 106
Parallelführung 76
Parallelkurbelgetriebe 87
Parallelroboter 79
Pendelarm 74
Pendelarmroboter 74
Pendeln 150
Peripherie 46
Pick-and-Place-Gerät 15
Plattform 42
Playback Programmierung 28, 125
Polarkoordinaten 62
Polizeiroboter 14, 43
Portallader 7
Portalroboter 23, 32
Positioniergenauigkeit 65
Positioniersensor 116
Positionsabweichung 65
Post-process-Messen 51
Potentiometer 90
Preßlufthammer 109
Profilführung 68
Programmablauf 127
Programmhandhabung 127
Programmieren 122
–, textuelles 127
Programmierhandgerät 125
Programmierroutine 130
Programmiersprachen 127
Programmierung, hybride 124
Programmierverfahren 123
Programminhalt 122
Programmstrukturelemente 123
Proportionalventil 83
Prothetik 46
Protokoll 104
Prozeßsensor 116
Prüfzelle 31
PTP 150
Punktschweißen 25
Punktschweißroboter 25
Punktsteuerung 21, 99

Q
Qualitätssicherung 4

R
Rastkupplung 140
Referenzmuster 119
Referenzpunkt 88
Referenzpunktfahren 89
Regelkreis 93
Reinigungsroboter 42
Resolver 91
Restrisiko 138
Revolvergreifer 108
Road-Robot 36
Roboter, mobiler 140
Roboterantrieb 81
Roboteranwendung 19
Roboterethik 145

Roboterqualifikation 8
Roboterschweißen 24
Robotersensor 113
Robotersprache 128
Robotersteuerung 92
Roboterwerkzeug 108
Rohrführung 68
Rotormaschine 11
Rotorpositionsgeber 82
Rückwärtstransformation 97
Rundführung 67
Rüsselarm 77

S
Sanierroboter 37
Saugergreifer 11
Saugerspinne 60
SCARA 17, 66, 150
Scheibenkolben 82
Scheibenläufermotor 81
Scherenarm 77
Schieber 67
Schleife 67
Schleifen 29
Schraubgelenk 56
Schrittmotorantrieb 94
Schubgelenk 56
Schultergelenk 18
Schutzeinrichtungen 138
Schutzkontaktschaltung 139
Schutzmittel 140
Schutzzaun 51
Schweißfugenverfolgung 116
Schweißroboter 24
Schweißsensor 116
Schwinge 67
Segmentierung 150
Sensor 53, 113
Serviceroboter 19, 41, 150
Servopneumatik 83
Sicherheits-Lichtvorhang 140
Sicherheitsraum 60
Sicherheitszone 51
Simulation 40
Simulationssystem 133
Sollbruchstelle 140
Sondermaschine 5
Spezialmaschine 2
Spezialroboter 36
Spindel-Mutter-Getriebe 87
Spindelgetriebe 86
Spine-Roboter 77
Stabankermotor 81
Ständerbalancer 12
Stapelung, chaotische 34
Starrhand 98
Stellmotor, hydraulischer 83
Steuerkette 94
Steuerung 53, 92
–, kopierende 102
Steuerungsart 99
Steuerungshardware 103
Stirnradgetriebe 84
Strichgitter 89
Synchronriemen 86

T
Tachogenerator 82, 105
Taktstraße 1
Tauchkolben 82
TCP 61, 150
Teach-in Programmierung 125
Teleoperator 14
Telerobotik 41, 142
Teleskoparm 74
Telethese 46
Tragfähigkeit 64
Transponder 151
Transportroboter 143
Trittplatte 139
Türsicherung 139

U
Überlastsicherung 140
Überschleifen 100
Übersteuerungsschalter 98
Übertragungsfunktion 93
Überwachung 105
Ultraschallsensor 113
Umkehrspanne 84
Umkehrspiel 84
Universalmaschine 2
Universalroboter 18
Unordnungsgrad 48

V
VAL 132
Verformungskörper 115
Verkettung 8
Vernetzung 9, 143
Versuchsroboter, mobiler 144
Vibrationswendelförderer 48
Viking-Sonde 41
Virtuelle Realität 134
Vorwärtstransformation 97

W
Wälzführung 67
Wandportal 70
Warentransportsystem 45
Wechselsystem 110
Weggeber
– absoluter 88
– relativer 88
– zyklisch-absoluter 88
Wegmeßsystem 88
Wellgetriebe 85
Weltkoordinaten 61
Weltmodell 151
Werkstück 6, 31
Werkstückhandhabung 8
Werkstückspeicher 49
Werkstückträger 151
Werkzeughandhabung 8, 21
Werkzeugspeicher 50
Wiederholgenauigkeit 64
Winkelgreifer 106
Winkelhand 99
Wissensbasis 151

Z
Zahnradgetriebe 84
Zahnriemen 86
Zahnstange-Ritzel-Getriebe 86
Zentralhand 98
Zugmittelgetriebe 84
Zustimmungsschalter 125, 151
Zuteiler 7
Zweikomponentensensor 115
Zylinderkoordinaten 18